成为真正
厉害的人

表现心理学的力量

[美] 凯文·R.哈里斯（Kevin R. Harris） 艾米丽·皮卡（Emily Pica） 著
陶尚芸 译

Overcoming Obstacles and Finding Success

The Power of Performance Psychology

本书从心理学角度出发，分析了多种阻碍人们成功的心态和行为模式，如冒名顶替综合征、人为天花板、放弃心理、完美主义等，并提供了相应的解决策略。书中指出，冒名顶替综合征使人们怀疑自己的能力，而人为天花板则是人们因社会观念或自我限制而设定的虚假上限。本书强调，面对失败和拒绝时，我们应将其视为成长的机会而非终点。同时，清晰的目标设定、适当的休息和自我推销也是成功的重要因素。本书还探讨了如何克服资源匮乏和技巧认知缺乏等问题，以及如何通过反馈和自我评估来提升表现。本书通过访谈和案例分析，为我们提供了实用的心理学工具和建议，帮助我们突破内在和外在的障碍，实现个人和职业的成功。

Overcoming Obstacles and Finding Success: The Power of Performance Psychology/by Kevin R. Harris, Emily Pica/ISBN: 9781032455518

Copyright © 2025, Kevin R. Harris, Emily Pica.

Authorized translation from English language edition published by Routledge, part of Taylor & Francis Group LLC; All rights reserved；本书原版由 Taylor & Francis 出版集团旗下 Routledge 出版公司出版，并经其授权翻译出版，版权所有，侵权必究。

China Machine Press is authorized to publish and distribute exclusively the Chinese(Simplified Characters) language edition. This edition is authorized for sale in the Chinese mainland (excluding Hong Kong SAR, Macao SAR and Taiwan). No part of the publication may be reproduced or distributed by any means, or stored in a database or retrieval system, without the prior written permission of the publisher. 本书中文简体翻译版授权机械工业出版社在中国大陆（不包括香港、澳门特别行政区及台湾地区）出版与发行。未经出版者书面许可，不得以任何方式复制或发行本书的任何部分。

Copies of this book sold without a Taylor & Francis sticker on the cover are unauthorized and illegal. 本书封面贴有 Taylor & Francis 公司防伪标签，无标签者不得销售。

北京市版权局著作权合同登记　图字：01-2025-1492号。

图书在版编目（CIP）数据

成为真正厉害的人：表现心理学的力量／（美）凯文·R. 哈里斯（Kevin R. Harris），（美）艾米丽·皮卡（Emily Pica）著；陶尚芸译. -- 北京：机械工业出版社，2025. 7. -- ISBN 978-7-111-78523-1

Ⅰ. B84-49

中国国家版本馆CIP数据核字第2025SL6045号

机械工业出版社（北京市百万庄大街22号　邮政编码100037）
策划编辑：坚喜斌　　　　责任编辑：坚喜斌　陈　洁
责任校对：郑　雪　张　征　责任印制：任维东
唐山楠萍印务有限公司印刷
2025年7月第1版第1次印刷
145mm×210mm·8.25印张·1插页·190千字
标准书号：ISBN 978-7-111-78523-1
定价：69.00元

电话服务　　　　　　　　网络服务
客服电话：010-88361066　机　工　官　网：www.cmpbook.com
　　　　　010-88379833　机　工　官　博：weibo.com/cmp1952
　　　　　010-68326294　金　　书　　网：www.golden-book.com
封底无防伪标均为盗版　　机工教育服务网：www.cmpedu.com

鸣　谢

作为本书的作者，我们希望对那些帮助本书得以出版的朋友致以衷心的感谢。

首先，感谢我们的访谈对象。你们分享的建议和智慧都是无价之宝。感谢你们敞开心扉与我们交流，你们的助力让本书如虎添翼！

其次，感谢詹姆斯·迪伦·布朗（James Dylan Brown）和布里斯蒂亚·哈特利（Bristia Hartley）协助我们整理访谈内容。我们十分感激你们的帮忙。

衷心感谢康妮·哈里斯（Connie Harris），感谢您孜孜不倦地审改了一大摞手稿，并充当了"总参谋"的角色。您的编辑技巧和经验弥足珍贵。

最后，我们要感谢泰勒-弗朗西斯出版集团（Taylor & Francis）的佐伊·汤姆森-肯普（Zoe Thomson-Kemp），感谢您给予的耐心指导和一路支持。

目　录

鸣谢

第一章　成功观：历史与现代的不同视角

删除它并重新开始 ... 001
投入时间 ... 004
相信自己能提升 ... 009
掌握有关技巧的知识 ... 011
本章总结 ... 013
练习：这真是一项艰巨的任务 ... 015

第二章　"满意即可"策略：差不多就行

"满意即可"策略中的时间投入 ... 022
相信自己能提升——思维模式的影响 ... 023
资源匮乏 ... 025
缺乏对技巧的认知 ... 026
本章总结 ... 028
练习：还行，我已经很不错了！ ... 029

第三章 03

冒名顶替综合征：
感觉自己像个骗子

他们在我身上看到了什么？冒名顶替综合征
的常见特征 ... 033
我们都有冒名顶替综合征吗？ ... 037
我们为何容易患上冒名顶替综合征？ ... 041
如何判断这是不是冒名顶替综合征？ ... 045
我能做些什么？克服冒名顶替综合征 ... 046
本章总结 ... 047
练习：你属于这里！ ... 049

第四章 04

人为天花板：
这就是我的极限所在

社会默认观念的影响 ... 053
不共享训练技巧的好处 ... 055
社会观念对思维方式的影响 ... 057
未能看到可能性 ... 059
失败，就是尚未成功 ... 062
不害怕尝试 ... 063
本章总结 ... 066
练习：我做到了吗？ ... 067

第五章 05

放弃：
或许我该就此放手

感觉想要放弃吗? ...072
"我没那个本事"——社会默认观念的影响 ...074
"我从未得到我需要的东西"——资源匮乏的影响 ...075
"我总是不在该在的位置"——对技巧认知缺乏的影响 ...076
"我没登上12的高峰，但至少站在了11的台阶上"——坚持目标对"不放弃"的潜在影响 ...078
"顾得了这个，就顾不了那个"——目标之间互相竞争的影响 ...079
"我不再涉足那些事了"——化解目标冲突 ...081
"没问题，我能搞定！"——假装自己行，直到真的行 ...083
"43年磨一剑：我的高光时刻" ...086
本章总结 ...089
练习：继续奋力前行！ ...090

第六章 06

限制你的目标范围：
像孩子一样思考

"自我膨胀"（以及我那支离破碎的自尊） ...093
梦想上天摘星和脚踏实地做事——反事实思维的作用 ...096

小机会带来大机遇 ... 101
本章总结 ... 104
练习：你到底想要干什么？ ... 105

第七章 07

**面对拒绝：
把"不"当作停止盲目努力的信号**

"很遗憾地通知你"——被拒绝是司空见惯的事 ... 108
"哎哟，心好痛！"——拒绝带来的切肤之痛 ... 110
拒绝的可能原因 ... 112
拒绝的后果——"我理解你的心情，谁又能
理解我呢？" ... 114
"面对拒绝，不再感到痛苦"——如何走出
拒绝的阴影 ... 115
"你果然很敏感！" ... 119
本章总结 ... 120
练习：你永远也别想在这个领域获得成功！ ... 122

第八章 08

**追求完美：
找到自身的承受极限，
然后勇往直前**

传统意义上的完美主义 ... 124
"你确实训练有素，并且不断进步！" ... 126

别等完美时机，现在就是最好的开始——告别不安，
拥抱未知 ... 128
失败，就是尚未成功 ... 132
小机遇成就大契机 ... 134
本章总结 ... 136
练习：现在就开始行动 ... 137

第九章 09 目标不清晰：
评估自己的发展道路或需求

按菜谱烹饪与凭直觉烹饪 ... 140
分块修剪草坪 ... 141
三种常见的目标类型 ... 142
"我长大后想当法官"——目标的个性化本质 ... 145
本章总结 ... 147
练习：我要开始行动 ... 148

第十章 10 糖衣之下的真相：
正视自身不足

"我在这方面很在行——至少比大多数人强" ... 150
实际表现与自我评估——是先有鸡还是先有蛋？ ... 154
我们不擅长自我评估，接下来怎么办？ ... 155
"我要真相——别美化，请直言！" ... 157
本章总结 ... 159
练习：我真的很不擅长…… ... 160

第十一章 不给休息或恢复留时间：把休息当作头等大事

身体在呼唤休息，你为何不稍作停歇？ ... 163

"但我这个周末没去锻炼！"——关于精神休息的考量 ... 165

"我讨厌这样！"——倦怠的负面影响 ... 171

本章总结 ... 173

练习：你看起来很累 ... 174

第十二章 脱轨时刻：宽恕自己，重整旗鼓

我们到达目的地了吗？——坚守原路或另择征途 ... 177

"我肯定在这方面糟糕透顶"——自我宽恕的关键作用 ... 179

谈谈"坚毅力" ... 183

本章总结 ... 185

练习：我可能到此为止了 ... 186

第十三章

不想脱颖而出：
做独特的蓝莓酸奶

毫无悬念的最佳候选人——脱颖而出的重要性 ... 189

"你永远也做不到！"——传统社会观念的影响 ... 192

"我永远也做不到！"——思维模式和冒名顶替综合征的影响 ... 193

"你做了什么？"——缺乏机遇意识且资源匮乏 ... 194

制订计划 ... 195

大胆去做吧——小机会带来大机遇 ... 196

驯服冒名顶替综合征 ... 198

发挥创造力 ... 199

充分利用培训或指导机会 ... 200

本章总结 ... 202

练习：做独特的蓝莓酸奶 ... 203

第十四章

苛刻的听众：
寻求反馈或批评

"我未曾意识到自己是如此……" ... 208

反馈的来源 ... 209

"这牛奶闻起来有异味吗？"——警惕误导性反馈或错误反馈 ... 212

"给我反馈吧！"——寻求导师的批评 ... 213

"你来自哪里？"——寻找导师，获得指导 ... 216

本章总结 ... 220

练习：我是最棒的 ... 221

第十五章 不推销自己的成就：自我推销不是自吹自擂

"瞧瞧那个自以为是的家伙" ... 224

"你永远达不到我这种谦逊的境界" ... 226

"这是什么心理？这种心理是好是坏？" ... 228

"再来一个"——积累成就的影响 ... 230

本章总结 ... 236

练习：请列举三点 ... 237

第十六章 给有志者的建议

高表现者建议1：成功之路漫长而遥远 ... 239

高表现者建议2：清楚自己的目标和即将踏入的领域 ... 240

高表现者建议3：花时间学习并付出努力 ... 243

高表现者建议4：设定可衡量的小目标 ... 246

高表现者建议5：在追求目标的过程中帮助他人，并积极拓展人脉 ... 247

高表现者建议6：敢于冒险，挖掘那些微小的机会 ... 250

本章总结 ... 252

01 第一章
Overcoming Obstacles and Finding Success

成功观：
历史与现代的不同视角

"从此，他们过上了幸福的生活。"设想一下，这就是你第一部小说的结束语。真是如释重负！630页的篇幅，还有多到不愿细数的时日。回想起每天内心的挣扎，你几乎都要热泪盈眶。一边要把所有东西都铭刻在心，一边还要提炼文字来完成下一行内容，难度可想而知。如果早点放弃，一切都会变得很轻松。但你最终还是写完了。

删除它并重新开始

无论是实际上还是象征意义上，这种违反常理的方法在实际操作中都得到了推广。作家乔伊斯·卡罗尔·欧茨（Joyce Carol Oates）在读大学时就把这种方法付诸实践了。欧茨"会用手写的方式创作一部小说，然后将纸张翻过来，在背面再写一部小说。最后，这两部小说都会被她扔进垃圾桶"。

欧茨经常以著名作家的作品为蓝本创作这些"练笔"小说。显然，她有意通过采用这一练习过程来提高自己的写作质量。更重要的是，她相信自己能够提高，并且知道如何去提高。这种密集、往往令人倦怠的创作活动并非我们普通人所常见。受弗朗西斯·高尔顿爵士（Sir Francis Galton）著作的影响（第四章会更详细地讨论此话题），传统观念认为每个人出生时便在某一特定领域被赋予了一定的能力，而且这种能力的"上限"决定了我们能提升的空间。因此，只有少数人知道如何着手去显著提升自己的表现，而真正采取行动去提升表现的人就更是寥寥无几了。这种现象已经主导了好几代人。

你或许认为乔伊斯·卡罗尔·欧茨是个例外。这种程度的投入肯定不是普遍做法。其实，这种想法说对也不对。世界上表现最好的人都是这样做的，但你的邻家大哥哥特雷弗可能不会这么干。

想一想功成名就的编剧兼制片人大卫·S.高耶（David S. Goyer）的睿智之言："你的前五个剧本可能会很烂。我说的是前五个。《刀锋战士》（*Blade*）是我的第八个剧本。之前写的那些，我都不好意思提。"

想一想，这可不是咖啡店服务员说的，他不会说自己写的前七个剧本很丢人。这些话出自一位作家之口，他是众多大片、电视剧和视频游戏的编剧、联合编剧和制片人，其中包括《蝙蝠侠：侠影之谜》（*Batman Begins*）、《终结者：黑暗命运》（*Terminator: Dark Fate*）和"使命召唤"（*Call of Duty*）视频游戏。很显然，高耶对创造者的建议就包含在这句话中，那就是不停地写作，直到你的写作水平大幅提升。

以上是我们提到的两个不同流派的创作者（一个是小说家，另一个剧作家），他们都认为要想真正擅长自己的技艺（作家的技艺就是写作），就必须投入时间。你可能已经在思考这样的问题了："除了文学创作，这种对技艺的专注和投入是否也适用于其他领域?"

答案是明确的:"是的!"以斯蒂芬·库里(Stephen Curry)为例,他以在训练正式开始前就完成1000次投篮而闻名。迈克尔·乔丹(Michael Jordan)的一句话很好地诠释了这一观点:"我每天在场上挥汗如雨3小时,可不是为了体验流汗的感觉。"同样,尤塞恩·博尔特(Usain Bolt)也说过:"我训练了四年才跑出9秒的成绩,而有的人在两个月内看不到成绩就放弃了。"

无论是在哪个领域,我们都能从那些让人身心俱疲的追求中找到无数个例子。这些例子以及这些表现者传达的信息包含三个要点,通常是隐含的,有时则是明确的。

第一点,一个人要想真正精通某项技能,就必须付出时间。举个例子,你的表妹在练习打保龄球两周之后表现出色,比你强得多,但如果她想与职业选手一较高下,那她还需要付出很多努力。此外,她很可能永远也达不到世界级选手的水平(这一点稍后再谈)。这种观点适用于你能想象到的任何其他技能的提高,如弹吉他、下棋、学做会计等。

第二点,一个人必须在某种程度上相信,只要付出时间,就能取得进步。这听起来好像理所当然,但有些具体的事例却表明我们并不真的相信这一点。你可能没有选择一门难度较高的课程,因为你会想"我就是不擅长那个专业",或者你没有选修艺术课,因为你认为自己没有艺术天赋。斯坦福大学的卡罗尔·德韦克(Carol Dweck)花了几十年的时间来研究人们对自己能力的信念(她称之为"思维模式")是如何通过影响他们追求之旅的每一步来影响其最终成就的。我们将在下文详细探讨她的研究告诉了我们什么,而她关于"思维模式"的研究也将在本书中被反复提及。

第三点，练习的方式很重要，而了解他人使用的技巧对提升自己是有益的。在本书中，我们会经常回顾这三点信息，尽力剖析与理解顶尖表现者相关的问题，以及我们能从他们身上学到什么。由于这些主题频繁出现，我们将在下面的章节中对每一条信息进行简要概述。

投入时间

我（凯文·R.哈里斯在说）的家位于一个树木繁茂的乡村地区。在树木和土地的维护方面，我们需要开展大量的割草和修剪工作。此外，我们还要满足乡村房产的一些日常维护需求。在靠近树林边缘的房产周边进行修剪时，我注意到一棵橡树苗从草丛中冒了出来。我们不希望在那个特定的地方长出一棵树，于是，我用修剪器轻而易举地就把小树苗给除掉了。这事让我不禁感叹："要除掉这株有潜力长成参天大树的树苗是多么容易的一件事。"然后，我突然意识到，这真是一个关于投入时间的重要性的绝佳比喻。一开始，小树苗就像小草一样容易被除掉。然而，只要给予足够的时间和必要的培育，它就会成长为树林中最坚韧的一棵大树。

表现能力的提升也需要时间。诺贝尔奖得主赫伯特·西蒙（Herbert Simon）和他的同事威廉·蔡斯（William Chase）对世界上那些非常优秀的棋手进行了系统的调研，以便找出他们比其他棋手更胜一筹的原因。虽然我们会在本书中多次提及他们的研究成果，但他们所做的工作和发现的具体细节超出了我们目前的关注范围。目前我们提及他们是因为他们或许是最早提出"一个专家要达到世界级水平，大约需要10年或1万小时的密集且精准的训练"的那批人（也许不是第一人，但一定在第一批人当中）。

　　大约20年后，西蒙曾经的博士后学生安德斯·艾利克森（Anders Ericsson）创造了"刻意练习"这一术语，用来描述达到顶尖水平的高表现者为达到他们当前水平而进行的活动。此外，艾利克森及其同事通过对世界级音乐家的研究得出了结论：要达到世界级水平，需要进行大约10年或1万小时的高强度训练。至关重要的是，艾利克森及其同事还发现，最顶尖的精英音乐家从事的刻意练习比次一级的音乐家（即准精英音乐家）更多，而准精英音乐家从事的刻意练习又比技艺稍逊的音乐家更多。该研究结果表明，一个人在刻意练习上投入时间的多少与其最终的表现水平之间存在直接关系。

　　这些早期发现（西蒙及其同事在20世纪60年代末的发现、艾利克森及其同事在20世纪90年代初的发现）最终被称为"十年定律"。马尔科姆·格拉德威尔（Malcolm Gladwell）的《纽约时报》畅销书《异类》（*Outliers*）可谓是将"1万小时定律"引入大众视野的作品。所谓的"1万小时定律"最终引发了大量的辩论，其中一些辩论的激烈程度令人吃惊。自该术语流行以来，我们就了解到，1万小时是一个起点，它反映了这样一种理念，即在大多数领域，人们要想达到顶尖表现水平，就必须投入时间进行专业化训练。与其他领域相比，某些领域可能需要更长时间的投入才能达到世界级水平。随着新技术的开发和有效技术的共享，达到世界一流水平所需的时间也可能会缩短。再次强调，我们的意图绝不是规定一成不变的时间要求，而是通过探索特定领域中最佳表现者的行为来反映该领域的具体要求。因此，正如橡树幼苗长成参天大树一样，看似不起眼的起点也能最终成就非凡。

　　正如幼苗成长为小树，最终长成参天大树一样，参与刻意练习活动的表现者也在经历着类似的蜕变。我们首先通过一个相对简单且没有争议的例子来解读长期参与旨在提升表现的活动所带来的转变。假设你有足够的财力、可支配的必要时间以及社交资源,能够聘请到一位曾经服务过好莱坞明星们的健身教练。那么,我们可以稳妥地推测,如果有人,甚至是我们自己,遵循他提出的训练计划并采纳他的反馈,就会在预期的时间内变得身体健康。体重过轻的人会增加所需的体重,体重超重的人会减轻体重。更重要的是,每个坚持跟随这位教练并遵循其备受赞誉的健身计划的人,最终都会实现自己的健身目标。这种转变并不难想象。我们已经在现实生活中看到过类似的例子:克里斯·帕拉特(Chris Pratt)和库梅尔·南贾尼(Kumail Nanjiani)分别为了出演《银河护卫队》(*Guardians of the Galaxy*)和《永恒族》(*The Eternals*)而重塑了自己的身材。

因为我们见证了演员和运动员的身体变化,甚至可能亲身经历过自身的转变,所以这类变化很容易被大众接受。然而,经过长期训练后,顶尖表现者所经历的变化并不仅仅局限于视觉上显而易见的方面。当这些高表现者投入时间和精力进行适当的训练时,他们的大脑功能及其信息处理方式也会发生变化。

以伦敦持证出租车司机为例。伦敦出租车司机必须经过考试才能获得执照。其中一项要求是必须记住伦敦所有街道的布局。请记住,伦敦的街道布局被认为是世界上最复杂的街道布局之一,因此,毫不夸张地说,熟记这些街道布局是一项艰巨的任务。这里有一个有趣的研究发现,伦敦出租车司机大脑中与记忆形成相关的海马体后部区域明显比普通人的相应区域更大。这些研究结果表明,从事高强度的脑力活动(在这个案例中,该脑力劳动就是熟记伦敦的街道布局)会导致出租车司机海马体的体积发生变化。在一个类似的例子中，另一组研究人员发现，精英登山者的小脑（大脑中负责协调运动的区域）明显比非登山者的相应区域更大。可以推测，小脑体积的增大是精英登山者长期频繁攀登的结果。

那些持怀疑态度的读者可能会认为，关于伦敦出租车司机和精英登山者的研究结果可能完全是由于不同的原因造成的。他们可能会把这些发现解释为：记忆能力强的人更有可能成为伦敦出租车司机，而运动能力出色的人更有可能成为登山运动员。尽管这种解释也有一定的道理，但还有研究表明，特定领域的深度参与才是导致大脑解剖结构和功能发生变化的原因，这一观点得到了更有力的支持。这项研究的妙处在于，其发现对阅读本书的每个读者都适用，而且对每个学习阅读的人都有用。

研究人员设计了一项巧妙的功能磁共振成像研究，并发现学习阅读会导致读者的大脑结构发生变化，同时与非读者相比，其大脑活动也会出现变化。这里有一个关键的发现，即这些变化出现在那些成年后才开始学习阅读的成年人身上，但没有出现在从未学习阅读的成年人身上。这样的发现表明，正是通过参与那些旨在提升表现的活动，并在活动中取得进步，才导致了大脑的变化。在这个特殊的例子中，与学习阅读相关的大脑功能变化是在研究对象学会阅读之后才出现的，哪怕他们是在成年后才学会阅读的。

长期参与也能引发认知上的变化，从而为表现者带来益处。最起码，随着经验的积累，他们会越来越得心应手，并且对某一特定领域的表现要求有更清晰的认识。随着持续参与适当的训练活动，以及诸如正式比赛或履行职业责任等其他相关活动，表现者处理与任务相关的信息的方式也会得到改进。这些变化可能包括能够更轻松地将与情境相关的信息存储在长期记忆中，并在需要时迅速将信息提取到短期记忆中。这种增强的信息检索能力被称为"长期工作记忆"，可以被视为我们大脑中一个专门用于处理相关信息的高效检索系统。高水平的表现者在其长期记忆中对与任务或领域相关的知识进行了非常精确的组织，因此，他们能够将当前相关或可能相关的信息放入已有的知识结构中，这就像是一个高效的"心理档案柜"。

相比之下，新手往往会忽略许多相关的环境或任务线索，并且需要以传统的方式在长期记忆中进行搜索，而无法借助已经形成的长期工作记忆能力来提供帮助。在你攻读专业课程的过程中，你可能经历过类似的情况。起初，阅读教科书或研究资料可能会让你感到不知所措，但随着经验的积累，你最终开始看到其中的关联。一旦你看到了这些关联，每次新的阅读体验都会与之前有所不同，因为你能够在脑海中（通常是下意识地）将新信息归类为"与X研究相似"或"与Y工作相悖"。希望这个简化的例子能让你明白长期工作记忆的原理是什么。

通常情况下，高表现者在不断进步的过程中还会发展出更高级的、与领域相关的预判能力和模式识别技能。与这种能力的增强有关的例子不胜枚举。我们会简要地探讨几个例子，在这些例子中，这种能力的增强被认为是高表现者优势的关键因素之一。预判能力得到增强，被认为是高水平网球运动员的巨大优势，尤其是在接发高速球方面。高水平的网球运动员能够比我们大多数人更好地根据发球者在发球过程中身体姿势所提供的线索来预测发球的落点。他们还可以利用这些在网球被击出之前就获得的信息，更好地计划如何回球。同样，在棒球中，更优秀的击球手能够通过预判投手的身体姿势和动作，更早地判断出如何成功击中投来的球。据推测，这种预判能力的优势适用于任何一项需要用手持工具击打空中飞行物体的运动项目中的高表现者。

在可能威胁生命的领域，如消防、医疗和军事领域，预判能力的增强在一定程度上得益于高表现者卓越的模式识别能力。例如，当一名经验丰富的消防员进入一栋着火的建筑时，他可能会像前面提到的那样，将多种环境线索存储在记忆中，如烟雾的动态和外观、火的颜色、火焰的方向和强度，以及其他相关线索。然后，这名消防员可能会根据对这些线索的综合解读，预判出一种潜在的灾难性事件，如屋顶坍塌。这种将线索联系起来的能力也得益于上文提到的长期工作记忆。

虽然成为高表现者需要投入时间，但我们也要坚信自己能够在某个领域取得进步。

相信自己能提升

几年前，我半开玩笑地对一个朋友说，我的健身目标之一就是练出六块腹肌。朋友那句无价的回应是："那可真是个艰巨的任务。"事实上，尽管拥有六块腹肌听起来很不错，但这并不是我的健身目标之一。其中一个最大的原因是时间太紧迫了，我似乎没有足够的时间去进行尝试（而且我也对自己的能力有些怀疑，觉得自己可能根本就练不出六块腹肌）。

这个例子揭示了一个现象：在我们各自的生活中，有些领域我们觉得目标触手可及，而在其他领域，目标却似乎遥不可及。换句话说，如果你发现自己在追求某些目标时正在与自我怀疑或冒名顶替综合征（这将在第三章中详细介绍）做斗争，请不要自暴自弃。然而，重要的是要认识到，你能取得的成就可能比你意识到的要多得多，而做到这一点的机制之一就是投入时间去专注于正确的活动。如果你不相信自己能提升,那么你就很可能不会付出必要的努力。这就好比我压根儿就没有采取任何措施去练出六块腹肌,或者很快就放弃了这个目标。

我们再回头谈谈卡罗尔·德韦克在斯坦福大学的研究,她职业生涯的大部分时间都在研究人们对自身能力所持有的观念。这项研究还有一个贡献,即她最终创造了"固定型思维模式"和"成长型思维模式"这两个术语。前者的基本理念是,拥有固定型思维模式的人认为,他们被赋予了一种能力,能够达到某个最大化的表现水平,但这种能力决定了他们在学术、体育和音乐方面所能达到的最高水平,而他们无法超越这一水平。这种观点与高尔顿的论点如出一辙,这些论点已经世代相传。与此相反,具有成长型思维模式的人则认为,除了人类的自然局限性(例如,我们永远也跑不过汽车),我们的表现并无随意设定的限制,并且可以通过时间的积累而不断提升。

重要的是要记住,一般来说,你可以拥有成长型思维模式,但也会有一些你认为自己不擅长的领域,用德韦克的话来说,这就是"选择性固定思维模式"。实际上,你可能也意识到,如果能够满足一系列条件,比如有无限的时间用于训练、学习或练习,以及能够获取优质的资源,那你也能在你认为自己不擅长的领域表现出色。换句话说,如果电影制片厂给我一年的放松时间,让我一心一意地锻炼身体,并为我提供最好的私人教练,我拥有六块腹肌的目标就更有可能实现。重要的一点是,只要"选择性固定思维模式"与"整体性成长思维模式"的比例保持在相对较低的水平,即你相信大多数事情都有进步的潜能,那么,拥有这些"选择性固定思维模式"并不会削弱大多数人的"整体性成长思维模式"。不过,你也必须知道怎么做才能在某方面做得更好或实现你的目标。

掌握有关技巧的知识

当我还是个小孩子的时候，一款五颜六色的拼图魔方风靡一时。当时，魔方在美国首次亮相，需求之旺盛几乎能让人切身感受到。8岁时，父亲带我去商店买了个魔方送给我，我也有了自己的宝贝，真是开心极了。回家时，我坐在副驾驶座上摆弄着我的新宝贝，直到父亲把车开进了车库。这一幕清晰地刻在了我童年的记忆里。当父亲将车停稳时，我正迫切地快速翻转着魔方。父亲当时并不赶时间，他停车后并没下车，而是坐在驾驶座上看着我。大约一分钟后，我转向父亲，一本正经地问道："你觉得这样就算解开魔方了吗？还是说，魔方不是这么轻易就能解开的？"

这个魔方从未被完全解开。在任何时候，最多也只有一面被大致拼好。这种情况发生在魔方发明不久之后，与今天不同的是，当时并没有广泛传播解魔方的"算法"。我采用的是试错法，但没有成功，最终我放弃了。过了几十年后，我才意识到解开魔方的关键在于遵循特定的"算法"，而选择哪种"算法"则取决于魔方的初始状态。如今，如果有人想学习解魔方，关于如何使用这些"算法"破解魔方的信息比比皆是。不过，要想轻松解开魔方，仍然需要投入时间去学习，而那些最擅长解魔方的人，他们的表现令人印象深刻。

我与魔方的这段经历，与许多人在追求自己目标时的经历如出一辙。那些志向远大但缺乏指导的表现者，或许并不清楚该如何入手，也可能因为没有达到预期的进展而放弃自己的追求。重要的是，如果他们了解那些已经取得成功的表现者使用的技巧，那么他们也可能会取得令人印象深刻的成功。无法确切知道，如果我掌握了魔方顶尖高手使用的技巧，我在魔方探索之路上会取得多大的成就，但可以推测，有了这些额外的知识，我的成就一定会更大。

现在，让我们来看一些了解适当技巧可以改善结果的例子。在某些情况下，这些技巧甚至可以彻底改变某一领域顶尖表现者训练的方式。我们最喜欢用来说明这一概念的例子来自扫雷领域。扫雷的例子还揭示了掌握相关技巧所需知识的层次和深度；在深入探索某一领域的过程中，人们常常会发现，"顶尖高手"似乎拥有一套秘密的工具包，其中包含各种提升表现的方法。

在某个时刻，每个人可能都有过这样的经历：刚刚适应了一个新工作或完成了一项新任务，之后却被该领域的专家告知："哦，那其实并不是我们真正该做的。"你所采用的方法与实际操作之间的差异可能因情况而异，这种差异的严重程度可能从微不足道到潜在致命，就像在扫雷领域一样。遗憾的是，尽管士兵们接受过扫雷技巧的训练，他们在最初也往往不太擅长发现地雷。因为扫雷和其他技能一样，需要投入大量时间才能精通，所以，任何能够加速表现提升的方法都是有益的。在这种情况下，专家技能研究者不仅能够发挥作用，而且确实带来了效果。

专家技能研究者詹姆斯·斯塔泽夫斯基（James Staszewski）和艾伦·戴维森（Alan Davison）认为，一位拥有超过30年经验的扫雷专家，仅凭其在该职位上生存了数十年这一事实，就展现出了卓越的水平，值得去挖掘其扫雷技巧。斯塔泽夫斯基仔细研究了这位扫雷专家是如何探测地雷的，并意识到他所使用的技巧与军队正式教授的扫雷技巧大相径庭。令人信服的是，当那些最近完成传统训练的扫雷人员接受了融入专家技巧的额外培训后,其表现有了惊人的提升,在某些类型的地雷探测中,他们的表现比未使用专家技巧的群体提高了9倍以上!在任何领域,九倍的效率提升都堪称惊人,而对于那些可能带来致命后果的任务来说,这种提升更是难能可贵。

国际象棋领域提供了一个类似的例子:学习额外的训练技巧,改变了人们对训练方式的看法。在苏联时期,苏联培养了大量具有竞争力的国际象棋选手。当时普遍的看法是,苏联人天生具有下棋的天赋。然而,在苏联解体后,人们发现,苏联实际上运营着国际象棋训练学院。正是这些学院的培训活动,至少在一定程度上带来了苏联棋手的大量涌现。进一步证实这一假设的是那些有志成为国际象棋大师的人,在采用相同或类似的训练技巧之后,真的取得了显著的进步。

近年来,这种方法越来越受欢迎:识别特定领域中表现最佳者,精准定位其表现中导致表现差异的关键因素,追溯他们的成长路径和发展进程,并将所学转化为适用于不同发展阶段表现者的训练。根据不同研究团队的命名,这种方法的变体被称为"基于专家表现的训练"(Expert Performance-Based Training,简称ExPerT)或"基于专家技能的训练"(Expertise-Based Training,简称XBT)。这种方法和相关内容也被更多的专家技能研究者非正式地使用,但未冠以名称。主要考虑因素是,掌握提升表现所需适当技巧的知识极为重要,并且常常可以共享。

本章总结

在本章中,我们简要回顾了传统上对高水平表现成因的看法。我们还提出了关于专家技能和高表现者的最新解释,通常包含了一些基本的要素。第一个要素是，要想在某方面真正做到出类拔萃，就必须投入足够的时间。虽然不必严格遵循"10年或1万小时"的说法，但确实需要一段时间的持续努力。第二个要素是，你必须相信自己所做的事情会为你带来进步，或者与一个相信这一点的人一起合作。第三个要素是，正确的练习方法至关重要。我们将在本书中多次重访这些主题，因为它们可以被视为这种方法的基础。

在这里，不要过于纠结于术语。简单来说，要想真正精通某件事，通常需要在正确的事情上努力一段时间。同时，重要的是要明白，这里的"正确的事情"比"努力"更重要。人们反复指出，一个人如果只是简单地重复一项任务，而没有适当的策略，就不会有多大的进步，如每天单纯地用机器练习击打网球1小时。第二个需要考虑的是，你应该以宽广的视角看待这种方法。换句话说，这种方法不仅可用于完善网球发球技巧，也可用于几乎所有的其他目标。后续章节将填补一些关于如何将这种方法应用于你个人生活的潜在空白。更重要的是，无论你当前的表现水平如何，它将以一种易于掌控的方式做到这一点。

📝 练习：这真是一项艰巨的任务

该练习由多个部分组成，它将帮你认识到你最喜爱的一些表现者在其技艺上投入了多少努力，并反思你曾经花时间尝试提升的某项技能。练习的第1题要求你选择两位你钦佩的知名表现者，并找出他们认为有助于其成功的活动，而这些活动在可能的情况下应是可量化的。第2题则要求你确定一项你曾尝试提升的技能，剖析你所采取的行动，并评估其效果如何。

1. 请选择两位表现者，并指出他们所说的一些促成其成功的活动

第一位表现者：_____

第一位表现者的活动：_____

_____

第二位表现者：_____

第二位表现者的活动：_____

_____

2. 回答下列问题

你尝试过提升哪方面的技能？

_____

_____

当你尝试提升时，具体做了什么？你对自己的计划有何评价？请具体说说哪些部分效果良好，哪些部分效果不佳。

_____

_____

_____

02 第二章
Overcoming Obstacles and Finding Success

"满意即可"策略：
差不多就行

> 我赚的钱对我来说已经够多了。我不想加薪，不想升职。我只想完成我的工作，然后做我想做的事。
>
> ——佚名

> 无论你的基因构成如何，我都认为你需要对你想要做的事情抱有真正的热情和兴趣。找到自己热爱和真正感兴趣的事情，我认为这是非常重要的。当然，接下来你就要面对一条漫长的道路。
>
> ——A.马克·威廉姆斯（A.Mark Williams）
> 世界知名的专家技能研究者

杰拉尔德（Gerald）是停滞不前和庸碌无为的典型代表。在求学期间，他总是尽可能地避开那些有难度的课程。如今，他在一家汽车经销商那里做销售员，每月的销售业绩总是垫底。杰拉尔德喜欢和朋友们打网球、打保龄球，但过去十年间他的球技并没有取得多大进步。杰拉尔德目前的处境堪忧且缺乏明显的进展，尽管这听起来令人震惊，但也并不罕见。我们常常会在达到某一水平，能够让我们在日常生活中凑合应付（保住工作、支付账单，或者还能和朋友一起在业余时间进行竞技运动）之后就停滞不前了。

诺贝尔奖得主赫伯特·西蒙（在第一章中已介绍过）在研究人们在有限信息条件下做出决策时的局限性时，将这种现象称为"满意即可"。西蒙发现，当我们有机会做出决策时，通常不会做出最优选择。相反，我们通常会满足某种程度的需求，然后就此作罢，这就是"满意即可"的部分。例如，在购买新车时，我们可能会选择我们看到的第一辆看起来符合我们需求的车——价格在自己的承受范围之内、驾驶性能尚可、有四个车门的汽车。这种类型的"满意即可"与通过详尽研究燃油消耗、安全评级、耐久性以及其他相关因素来做出最优化购买决策的做法形成了鲜明对比。我们稍后会再讨论这些差异。然而，很明显，虽然有一些人会不惜一切代价尝试最优化策略，但大多数人至少在某些必须做出的决策中会选择"满意即可"。这种心态可以超越最初的实验室决策研究，扩展到个人生活中的停滞不前或平庸状态，用以解释一个人如何有意或无意地采用这种做法。换句话说，如果我们把所有的人生选择都放在这个框架内考虑，比如是否选修某门课程、是否申请加薪或如何制订锻炼计划，我们生活的方方面面都可以通过"满意即可"视角来审视。

实际上，人们选择"满意即可"策略是合情合理的。这在利害关系较低且个人对现状感到满意时尤为如此。例如，特里斯坦（Tristan）可能会认为，只要能取得足够的销售业绩，保住工作并支付账单，就比拼命挣业绩要好。如果特里斯坦和他生活中的其他人对他的职业生涯管理方式感到满意,那么他的这种满足现状的做法似乎是恰当的。然而,当有人想要在某些方面有所提升时,"满意即可"策略就不会被视为明智的选择了。尽管特里斯坦对工作中的销售业绩感到满意,但他可能希望在生活的其他方面有所进步,如网球水平或绘画技能。接下来,我们先探讨一下,"满意即可"策略为何会让人感到舒适,之后再考虑即使你想要更上一层楼,"满意即可"心态也会持续存在的原因。

满足现状和"差不多就行"的想法确实能带来一定程度的舒适感。如果我们坚持把生活中的每一件事都做到极致,那么做起来会非常费力,而且也不太可能成功。试图将生活中的每一件事都做到极致,而不是有时选择"满意即可"策略,会让我们在精神和身体上都感到疲惫。想想看,如果你在买菜时,为了每样东西都买到最低的价格而软磨硬泡,那你的购物速度会慢到什么程度。比如买芥末酱,你可能需要对某种芥末酱的所有规格进行比较,并对每个品牌进行考量,从而确定每盎司(1盎司≈0.02957升)的最低价格是多少。虽然这在理论上可行,但如果要买的物品相当多,这显然会变得相当耗时。毫无疑问,有些购物者已经采用这种方法来尽可能降低杂货账单的成本,但这种方法似乎并没有被广泛采用。另一个极端是那些完全不考虑价格的购物者。想必大多数购物者都会采取"满意即可"策略,并根据自身的需要和偏好来判断某件商品是否值得购买。

虽然上述这种追求最优化原则的做法可能会节省一些开支,但并不是所有的购物者都值得这样做。有些人可能会认为,为节省费用而花费的时间和精力可以更好地用在其他地方,比如在工作中增加销售额,从而获得更多的金钱回报。此外，我们还需要考虑动机差异，有些人的动机很强，而有些人的动机很弱，甚至没有动机。对于后者来说，"差不多就行"的"满意即可"策略可能就足够了。还有一些人觉得达到一定的稳定水平就心满意足了，他们乐于在某些方面采取"满意即可"策略，而在其他方面追求极致。在上述例子中，特里斯坦可能会为他目前的工作与生活的平衡状态感到满意，并以此为契机，最大限度地增加自己陪伴亲人的时间。如果不了解这些因素，我们就很难将不同的人之间的"满意即可"策略进行比较。

在第九章中，我们将讨论一个人分析自身需求和目标的必要性。这种个性化分析至关重要，没有它，我们的生活画面就不完整。我们提及这一点，是因为迄今为止关于"满意即可"的讨论不应被视为一种主观判断，要知道，构成你生活画面的拼图碎片是独一无二的。要获得满足感，一个人无须去追求奖杯、地位或其他具体的志向。有些人志在获得诺贝尔奖、创造世界纪录或晋升为公司高管，而许多人则没有这样的抱负。这两种选择都同样合理。我追求六块腹肌的目标丝毫不会削弱别人想要强身健体或只是想保持整体健康的目标。总之，"满意即可"策略是正常的、可以预期的，而且还可以带来一定程度的满足感。

然而，许多人对生活中的某些事物怀有一些常被描述为"炽热的欲望"或"渴望"的情感。这种渴望几乎可以是对任何事物，包括本书中涵盖的各个领域，如某种特定的爱好、职业、运动或类似的追求。对于许多人而言，当涉及那些他们一直心心念念的事物时，"满意即可"策略并不在他们的选择范围内。或许你自己也有过这种深切渴望的经历，当你试图放弃某个追求时，却发现自己无法割舍。这种对进步的渴望是我们对顶尖表现者进行访谈时的一个常见主题，也是所有顶尖表现者共有的特点。现在让我们来看几个例子。喜剧演员亨利·曹（Henry Cho）将其描述为"永无止境的追求"，并表示尽管从事表演工作已数十年，但他每天仍在努力变得更好。音乐制作人兰德尔·福斯特（Randall Foster）指出：

> "我认为在我们的工作中，总会有那么一个时刻，我们感觉自己已经完全掌握了这份工作。我觉得，就在那一刻，我们有能力以很高的水平去履行这份职责。但我深知自己内心的好奇心和对持续成长的渴望是绝对需要被满足的。所以，当达到这种状态时，我就会开始'越过篱笆，望向远方'，去寻找新的机会和可能性。"

我们从对顶尖表现者的访谈中得出的第二个主题是他们对所追求的目标的全身心投入。美国职业棒球大联盟（MLB）投手亚历克·米尔斯（Alec Mills）对此发表了自己的看法："我想全情投入一件事，而不是将精力分散到两件事上，每件事只投入60%或75%的精力。我认为只有全情投入某件事，才是对我自己公平，也是对我的队友公平。"对亚历克来说，"全情投入"无疑是有回报的。这一决定是他从大学替补投手成长为职业大联盟球员，并创下罕见的无安打比赛纪录的因素之一。我们用了整章的篇幅来讲述"不要放弃"（第五章）和"如何面对人生道路上的拒绝"（第七章）；但正是这种想在某个领域既能够立足又能够取得成功的渴望，成了推动你超越当前表现水平并全力以赴（"全情投入"）的基石之一。

在纪录片《白骨队》（*Bones Brigade*）中，托尼·霍克（Tony Hawk）讲述了一次他尝试完善滑板动作时摔得特别惨的难忘经历。当时他伤势严重,摔断了几根骨头,掉了好几颗牙。然而,托尼回忆说,正是在那一刻,他知道自己永远不会放弃滑板运动。他知道滑板对他来说是不可或缺的,无论他所经历的危险有多大。

我的人生中充斥着类似的遭遇,那些新奇的尝试总是戛然而止。比如,我第一次尝试空中自行车特技失败。又如,我第一天打保龄球时越过了犯规线,还摔在了其他年轻选手面前。这两件事都让我放弃了那些目标——对我来说,不值得继续冒险。在其他一些追求上,我虽然也经历过最初的失败,但随后我坚持不懈地努力,并且获得了一定程度的技能。然而,我的兴趣不太可能在经历像托尼·霍克那样的挫折后还能保持下去。最终,这可能归结于一个人对某项追求的渴望,以及这种渴望在多大程度上促使你不仅在该领域取得一定程度的成功,还能承受为此付出的种种代价。

学者们对这种渴望进行了广泛的研究,他们在自己的著作中将其称为"热情"。研究结果表明,热情是预测表现和最终成就的关键因素。鉴于要达到第一章所讨论的顶尖水平的表现所需的时间投入,这一点是说得通的。尤其值得注意的是,热情与毅力在决定最终成功的程度上具有同等的重要性。当你既有热情又有毅力时,很可能就会全身心投入到你所做的事情中(几乎是"全情投入"),而这种投入往往能让你的表现大幅提升。同样重要的是要认识到,如果没有这种"全情投入",要想达到世界级水平是不太可能的,甚至是不可能的。这是因为"全情投入"不仅包括在某一领域内的长期投入,甚至可能包括刻意练习。

因此,此处讨论的"满意即可"与"全情投入"是截然不同的概念。尽管理论上一个人可能会在某个领域"全情投入",

但仅止于"满意即可",然而,鉴于热情在推动"全情投入"中的主导作用,这种情况似乎不太可能发生。换句话说,一个人表现出如此强烈的热情以至于驱使其"全情投入"到某个领域,可一旦进入那个境界却又满足于"差不多就行",这似乎显得有些自相矛盾。以棒球卡收藏为例,很难想象有人只对棒球卡"略知一二",只拥有寥寥几张卡,却认为自己对此已经"全情投入"了。相反,一个热衷于收集棒球卡或类似收藏品的人,很可能对其有着深刻的了解,并拥有大量的藏品。

如前所述,"满意即可"往往是一种选择,对某些人来说可能是一个非常合理的选择。此外,还有一些我们无法控制的因素可能会影响一个人是否采用"满意即可"策略。前三个因素在第一章中已提及:①要成为高水平的表现者,就得投入时间;②相信自己能提升,这是一种成长型思维模式;③要掌握有关技巧的知识。在这里,我们将提出与"满意即可"概念相关的第四个因素:资源的获取和资源的匮乏。要将这些因素与"满意即可"联系起来进行考量,我们需要思考一个人为何要选择"满意即可"策略(本质上是选择停留在当前水平),以及因资源匮乏等原因而不得不"姑且满意"。而且,一旦某人能够跨越初始的参与阶段并进入全情投入状态,似乎就不太可能主动选择"满意即可"策略。这种全情投入很可能会带来表现的提升和知识的增长,从而使主动选择"满意即可"策略的考虑变得不再重要。

"满意即可"策略中的时间投入

我上大学的时候,通常需要在礼堂上"大课",而结果只有三五个同学能在这些课程中拿到"优"。神秘的是,有个同学认定我是"优等生",他主动找我,想了解我在课程中取得优异成绩的秘诀,并问我是否可以在下次考试前一起复习。在我们一起复习的过程中,我一步步地讲解了我的学习方法(下文会讨论到的掌握技能的部分)。然而,我刚讲了30秒,这位"学习伙伴"便说道:"这看起来太费劲了。"然后,这次学习就戛然而止。这段经历表明,并非每个人都有意愿投入所需的时间来获得他们想要的结果。

因此,在"满意即可"的语境下,当谈到是否投入时间时,选择其实非常明确:要么选择投入时间和精力,要么选择不投入。这种选择适用于各种决策,从是否为考试而学习,到是否尝试获得奥运会的参赛资格。当然,人们完全有理由意识到世界顶尖表现者会投入大量的时间和精力,并且有意识地选择不走类似的道路。本章前面已经讨论了做出这种决定的潜在原因,如找到一个适合自身生活状况的"甜蜜点"(例如,倾向于使工作与生活平衡,或者决定追求其他目标)。现在,我们将考虑与"满意即可"相关的另一个因素:是相信还是质疑自己可以提升表现,不同的信念带来不同的影响。

相信自己能提升——思维模式的影响

在我读本科期间,人们常说"研究生入学考试(GRE:包括硕士研究生和博士研究生)是没办法准备的",这种观点十分普遍。我还经常听到这样的说法:为标准化考试而学习,很少会对成绩产生实质性的影响,即使有提升,也几乎可以忽略不计。谢天谢地,我没有理会这个建议,而是组建了一个GRE学习小组,结果小组成员的成绩都有了显著提高。如果我听信了上面的说法,认为这样的准备不会带来显著的成绩提升,那么我几乎不会组建学习小组。这个简单的例子说明了这样一个道理：一个人通常必须相信自己可以在既定的追求中取得进步，否则就不会付出努力。

这种观点很符合直觉。如果我不相信备考会对实际考试有帮助，我就不会去为GRE做准备。同样，如果我们不期待有所收获，通常也不会去备考、锻炼或做其他任何事情。如果一个人认为进步是不可能发生的事情，那么在事情变得困难或遭遇初期失败后，他大概率不会选择"加倍努力"。最有可能的情况是，他选择从此安于现状，"满意即可"，或者在有机会的情况下，完全离开那个领域。

关于个人如何看待自身能力，以及他们在准备过程中采用何种思维模式，至少从上文所述来看，其影响似乎显而易见。然而，关于思维模式的话题已经引发了相当多的争议。自从思维模式这一概念被提出以来，学者们对其进行了频繁的研究，最终它进入了主流视野。

随着对思维模式影响的认知逐渐加深，思维模式干预变得非常流行。关于如何开展思维模式干预的最佳方式，包括应该强调哪些内容，目前仍在由研究人员进行探索和梳理。不过，对我们来说，重要的是，这一理念的核心是你必须先相信自己能提升，然后才会开始或继续努力在某一领域取得进步。因此，我们将"成长型思维模式"理解为"相信自己可以在某一领域取得进步"。在第四章中，我们讨论了这样一个观点，即一旦你相信进步是可能的，其他事情就可以顺理成章地展开。然而，如果你相信自己能提升，但又无法获取所需的资源，那又该如何呢？

第二章 "满意即可"策略：差不多就行

资源匮乏

已故的尼尔·皮尔特（Neil Peart）是著名的摇滚乐队Rush的传奇鼓手。他被公认为最出色的鼓手之一。在我的一生中，每当谈论鼓坛巨匠，皮尔特的名字总会被提及。他尤其以精湛的技术和创新的风格而闻名。其他鼓手，只要能演奏Rush乐队的一首歌，都会被认为拥有高超的技艺。然而，当我看到印度尼西亚鼓手迪登·诺伊（Deden Noy）几乎完美地演奏Rush的经典曲目时，我被眼前的一切惊呆了。为什么这么惊讶呢？因为迪登用的是一套自制的"大杂烩"装置——金属管上缠着材料、用过的快餐桶和自制的圆形金属片。他坐在两张叠放在一起的绿色塑料椅子上，就像你在游泳池边吃腊肠三明治时坐的那种椅子一样，这种造型使整个场景更加完美了。再深挖一点，你会发现，他还精选了其他乐队的一些传奇摇滚歌曲。

有无数的活动都需要资源。有时所需的资源极少，或者很容易被替代。在许多足球比赛中，人们会找来一个袋子，里面塞满随手可得的杂物，然后用胶带封好，将其当作足球来踢。一根棍子和你周围随意选择的其他物件，很容易就能成为一种在不同程度上类似于棒球的游戏道具。然而，在许多其他领域，参与的成本可能会高得令人望而却步。这些成本可能来自设备需求、会员费用和专业培训。这种令人望而却步的准入门槛并不仅限于体育领域。例如，位于富裕地区的学校通常因为更高的税收收入和普遍的财政支持而拥有丰富的资源。同样，在昂贵的预科学校和高端乡村俱乐部中获得的机会和建立的联系，对我们许多人来说是无法企及的。

这种对有限资源的评估从表面上看可能会让人气馁，有人可能会因此认为，既然资源有限，就不值得去追求。为了反驳这种观点，有许多案例表明，有人在资源有限的情况下依然取得了成功。与其放弃，某人可能会决定尽其所能，充分利用现有的资源。我们可以利用旧车轴、木块、装满泥土的水桶和一座可供上下冲刺的小山丘，设计出一套有效的健身方法。我们没有理由认为，唯一纠结此事的人在低科技环境下所达到的体能表现和消耗水平，不能与使用价值数百万美元的设施所达到的水平相提并论。当然，如果没有相应的资源，有些领域可能仍然遥不可及。例如，马术、赛车或击剑运动都需要大量的资金投入。下面我们讨论一下是否有人会选择"满意即可"策略的第四个考量因素。

缺乏对技巧的认知

当时，时间仿佛变得缓慢无比，我甚至不确定已经过去了多久。环顾房间四周，没有任何明显的线索告诉我该如何离开那里。终于，我听到有人来了。我松了一口气。那是派来解救我的工作人员。那位先生问我坐在那里干什么，然后开始摆弄房间里的东西。他做的第八件事是拿起一个保龄球，顺着导轨把它滚进一个盒子的洞里，而这个动作正好打开了一个出口的门。我感到无比轻松，终于走出了房间，迎向了阳光。父亲松了一口气，问我为什么在里面待了这么久。当时我只是一个6岁孩子，被困在了当地集市的谜题房间，那其实是现代密室逃脱游戏的前身。我完全不知道这个房间是什么，也不知道我需要解开谜题才能出去。换句话说，我对必要的技能一无所知。暂且不提为什么一个6岁孩子会被独自送进房间而没有任何解释，这个例子恰恰说明了掌握适当技能的重要性。

　　获取设备或资源本身并不会神奇地赋予你最大化利用甚至使用这些资源的能力。即使是最高端的战斗模拟器，也不过是一堆按钮和旋钮的组合，很可能对你毫无意义。同样，你不会仅仅因为一个模拟病人的存在就变成一个熟练的护士。这两个例子都揭示了人们需要通过训练来掌握相关技术知识。这种训练可以通过多种方式实现，包括设置用于提供培训的电脑或人工智能系统，或者通过一位技术熟练的人类教练（至少比你目前的技能掌握更熟练）。其他关于技能重要性的例子比比皆是。这些例子可以包括各种各样的事物，比如如何正确掌握运动姿势、如何制作音乐或电影、如何诊断医疗状况等。在某个领域持续深耕，有时可以帮助你辨别出合适的技能。

　　我用我姐夫送给我的老式木球拍学习打球，没有上过正式的网球课程，却成了一个相当不错的网球选手。我和一位好友几乎每天都去球场打球，纯粹为了好玩。坦白地说，我的网球击球动作是模仿公园里水池附近展示的海报上的动作学来的。想象一下，当我第一次在大学参加正式的网球课程，并且发现我的击球技巧竟然相当准确时，我感到非常惊讶。更让我震惊的是，几个学期后，在高级网球课上，我竟然能够击败所有以前的高中网球选手（尽管还赢不了那些获得奖学金的大学校队选手）。这个例子表明，尽管在某些情况下，人们可以在资源有限的情况下熟练掌握某项技能，但如果考虑到当时资源匮乏，我放弃对网球的追求也不足为奇。

本章总结

在本章中，我们讨论了"满意即可"的概念或"安于现状"的观念。我们重温了第一章中介绍的三个主要考虑因素：①要成为高水平的表现者，就得投入时间；②相信自己能提升，这是一种成长型思维模式；③掌握有关技巧的知识。在这里，我们将提出与"满意即可"概念相关的第四个因素：资源的获取和资源的匮乏。如果这些因素都被考虑到了，它们可能会导致唯一纠结此事的人决定凑合了事，即认为自己目前的状态已经足够好了。简而言之，如果你不想努力工作，认为努力追求某事不会让你变得更好，缺乏获取所需资源的途径，或者不知道如何着手追求自己想要的东西，那么你可能会认为这种选择对你来说是最好的。本章重点讨论了这些因素可能对你是否决定开始追求目标产生的影响。本章致力于探讨这些考虑因素可能对是否开始追求目标产生的影响。在第四章中，我们将进一步剖析这些相同的考虑因素在你决定追求目标之后，可能会对你的自我设限产生的影响。

📝 练习：还行，我已经很不错了！

该练习旨在帮助大家熟悉"满意即可"这一概念。练习的第1题要求你写下至少一个你在明知还能取得更多成果的情况下却停止追求的例子。第2题则要求你思考导致这种停滞的原因。

1. 请至少举一个例子说明，尽管你认为自己本可以更进一步，但还是停止了对某事的追求。

_____
_____
_____
_____
_____
_____

2. 你不再继续追求第1题中提到的那些事情，背后有哪些原因？

_____
_____
_____
_____
_____
_____

03 第三章
Overcoming Obstacles and Finding Success

冒名顶替综合征：
感觉自己像个骗子

当你尝试一些可能超出你核心能力范围的新事物时，我觉得你会倾向于质疑和怀疑自己。我也认为，我们往往是自己最严厉的批评者。

——兰德尔·福斯特
Symphonic Distribution
首席创意官兼全国运营总经理

根据我的经验以及与其他艺术家和动画师的交流，我觉得"冒名顶替综合征"这种东西永远不会消失。我至今仍在为此挣扎。我从1997年就开始从事专业工作了，但这个问题仍然困扰着我。

——托马斯·埃斯特拉达（Thomas Estrada）
电影和电子游戏动画师

第三章 冒名顶替综合征：感觉自己像个骗子

马库斯（Marcus）当时正在读大学四年级，准备提交毕业申请，这时自我怀疑的情绪开始困扰着他。他开始质疑自己对专业的掌握程度，也怀疑自己作为学生的才能。马库斯感到自己被责任和学业压得喘不过气来，这时他听到其他同学说他们的课程很简单，他们能轻松通过考试。诚然，他学习的是这个专业里比较高级的课程。然而，他觉得自己毕业后什么也干不成，觉得自己是个冒充者。就在这种感觉悄然袭来之后不久，他在看新闻时得知雷迪·嘎嘎（Lady Gaga）也曾有过类似的经历。她年轻时渴望成为一名歌手，同学们都说她不可能成功，甚至不惜攻击她的性格和长相。马库斯心想，尽管有人唱反调，雷迪·嘎嘎也曾有过类似的冒充者之感，但她最终还是成了一名成功甚至是著名的歌手兼演员。马库斯重新找回了自己所需的动力，最终完成了本科学业，接着攻读了研究生课程，并成了一名大学教授。

我们或许都曾在人生的某个时刻有过和马库斯一样的感受。那种觉得自己似乎在伪装成能够做某事的状态，是一种被称为"冒名顶替综合征"的现象。这一术语最早出现于1978年，当时佐治亚州立大学的两位研究人员兼心理治疗师保罗琳·罗斯·克兰斯（Pauline Rose Clance）和苏珊娜·艾姆斯（Suzanne Imes）发现，许多成就斐然的女性无法将她们的成就归功于自身的才能。克兰斯和艾姆斯认为，她们的研究对象"没有体验到内在的成功感"。这些事业有成的女性尽管获得了高学历、得到了同事的称赞、达到了客观衡量成功的其他标准，却觉得自己骗过了所有人。研究人员当时得出的结论是，这些女性存在自我怀疑，这导致她们不能从容认可自己的成就。此外，冒名顶替综合征在男性身上出现的可能性较小，而在男性占主导地位的行业中工作的女性身上出现的可能性较大。

自首次引入这一概念的研究以来，人们逐渐意识到冒名顶替综合征远比最初认为的更为普遍，你很可能也曾有过这种感受。研究冒名顶替综合征的学者估计，我们当中有很大一部分人（70%）至少会经历一次。从表面上看，这一数字令人震惊，如果将这一比例应用到理论上数量庞大的人群中，其范围就会变得更加明显了。例如，在一个有10000人参加的活动中，会有7000人表示自己曾经历过冒名顶替综合征。如果有50万人，那么报告自己经历过冒名顶替综合征的人数将达到35万人。我们的猜测是，这个比例可能会更高，要么是因为人们没有意识到自己患有冒名顶替综合征，要么是因为他们选择不透露这一信息。我们知道自己并不是唯一有这种感觉的人，这是件好事，但是，当我们个人经历冒名顶替综合征时，我们往往会说服自己，我们自己就是我们圈子里唯一一个感觉自己像个骗子的人。

来自合著者艾米丽的分享：

> 在论文答辩会上，有人问了我一个简单的问题："什么是理论？"我当时竟想不出答案。就在那一刻，我觉得自己在学校取得这样的成绩绝不是凭借自己的能力，而是纯粹靠运气。谁不知道什么是理论呢？我感觉自己像个骗子，像个冒充者。其实我并不是唯一纠结此事的人（还记得我们之前提到的那70%的人吗），尽管当时我确实觉得自己就是在孤身挣扎。

在这一章中，我们将探讨冒名顶替综合征的常见特征、其普遍程度以及当这种感觉出现时克服它的一些可行方法。

他们在我身上看到了什么？
冒名顶替综合征的常见特征

冒名顶替综合征患者有一些共同的特征，如果我们认真思考，甚至会发现自己在不知不觉中也表现出了其中的一些特征。贾鲁万·萨库尔库（Jaruwan Sakulku）和詹姆斯·亚历山大（James Alexander）是两位国际学者，他们很好地讨论了克兰斯的研究报告中指出的六大特征：

（1）"冒名顶替"的感觉陷入了循环。
（2）需要与众不同或成为最优秀的人。
（3）展现超人（或女超人）特质。
（4）对失败恐惧。
（5）否认自身能力，并且忽视别人的赞扬。
（6）对成功感到恐惧和内疚。

当我们进一步探究这六个特征时，请注意它们基本上可以归结为一个共同的主题：我们个人觉得别人高估了自己的能力，将自己的成功归因于外部因素，并且害怕自己的局限性会暴露出来。对于那些正在经历这种感受的人来说，每遇到一个机会，冒名顶替综合征的恶性循环就会重新开始。想想你上一次面临一项重要任务的情景，比如，与一位有声望的客户达成一项具有重大意义的交易，或者在成千上万的观众面前进行吉他独奏，又或者是完成一项重要的课程作业。正如我们将在第八章讨论的那样，即使我们对眼前的任务感到兴奋，面对这些机会时感到紧张也是非常常见的。然而，患有冒名顶替综合征的人可能会感受到一种超出所谓"心中小鹿乱撞"的焦虑水平。在这种情况下，这种焦虑可能会导致冒名顶替综合征患者在两种极端的应对方式中选择一种，要么过度准备，要么拖延之后再草草赶工了事。

至关重要的是，那些过度准备的自我感知的"冒充者"将他们的成功归因于他们投入的工作量，而不是认识到他们并不是冒充者或骗子。那些拖延的冒名顶替综合征患者则将成功归功于运气。在这两种情况下，冒名顶替综合征的恶性循环都得以延续，因为这些人都不承认自己应得的成果，至少不承认自己的能力。此外，无论自我感知的"冒充者"采取哪种方式，他们都倾向于忽视积极的反馈，转而关注消极的反馈，甚至将我们大多数人认为是建设性批评的内容视为他们真的是冒充者的证据。他们无法接受积极的反馈，也无法为自己的成就接受应有的赞誉，从而滋生了自我怀疑，进而加剧了自己是骗子的感觉。这种冒名顶替综合征的恶性循环又周而复始了。

让我们回到本章开头马库斯的故事。尽管他在提交研究生申请时对自己的能力心存疑虑，但他还是被录取了，这让他重拾信心。他如释重负地意识到自己在学业上是同届学生中的佼佼者，并认为在研究生学习中也会如此。然而，他大错特错了。马库斯收到的第一份研究生课程作业反馈，标题页上赫然写着一个大大的"D"。他感到一阵可怕的失落感，觉得自己是个冒充者的想法又回来了。马库斯在研究生第一篇论文中获得"D"的经历凸显了冒名顶替综合征的第二个和第三个相互关联的特征，即需要成为最优秀的人和展现超人（或女超人）特质。

"需要成为最优秀的人"是一个相当直白的概念，表示某人想在某件事上做到最好。他甚至可能在各种情境中都有过表现最好的经历。然而，竞争程度的加剧可能会阻碍他成为最优秀的人，这可能会引发他的"冒充者"感觉。当那些自认为是冒充者的人竭力做到完美无瑕时，这种超人（或女超人）特质就体现出来了。一旦他们未能做到，就会将其视为自己是冒充者的证据。马库斯并非冒充者，他只是还没有适应本科教育和研究生教育之间的差异，后者会向他提出更高的要求。此外，虽然马库斯希望自己做的每一件事都是完美的，但这在现实中是不可能的（关于完美主义的更多内容，请参见第八章）。

下面谈谈考试及格或不及格的问题。及格或不及格是我们大多数人在小学时就会遇到的两种情况，并一直伴随着我们直到完成正规教育。当然，它们还有不同的变体。及格选项通常分为几个梯度。"及格/不及格"的概念从我们很小的时候就作为衡量表现的一个客观标准而被深深植入我们的脑海，而"不及格（失败）"的部分则显得尤为突出（我们将通篇讨论"失败"；有关我们如何看待失败的更多信息，请参见第四章和第八章）。我们中的一些人甚至可能会对失败产生恐惧，这是冒名顶替综合征的第四个特征。因为失败可能被自我感知的"冒充者"视为对其自我评估的佐证，所以他们往往会过度工作，试图避免失败。例如，马库斯（本章开篇案例中的主角）可能会在第二篇论文上花费3倍的时间，避免再次得到"D"这样的成绩。虽然这看起来像是对第一次糟糕成绩的相对理性的反应，但过度工作的倾向在自我感知的"冒充者"中是很常见的。由于害怕失败，他们可能会在任务上花费过多且往往不必要的时间。

萨库尔库和亚历山大回顾了冒名顶替综合征的另一个常见

特征,即否认自身能力,并且忽视别人的赞扬。自我感知的"冒充者"有一种心理障碍,即不愿意认可自己的成功。以劳伦为例,她是一位成就卓越的女性STEM研究者,拥有众多出版物,并且获得了一笔为期多年且金额达数百万美元的科研资助。然而,她却患有冒名顶替综合征,没有给予自己应有的成就认可。相反,她将自己的成功完全归功于身处一个优秀的团队,甚至还会找到理由贬低自己无可否认的个人贡献。与此相关的是,自我感知的"冒充者"还会忽视别人的赞扬,甚至完全不予理会。

来自合著者艾米丽的分享:

> 尽管我无法解释理论的定义,但还是通过了论文答辩。尽管答辩委员会对我在答辩中的出色表现赞不绝口,但在那一刻,我却无法接受如此赞誉,因为我始终无法对自己回答不出这么简单的问题释怀。

对于那些自我感知的"冒充者"来说,这种情况可能就是常态。他们往往会忽略那些积极的反馈或赞扬,即便这些反馈或赞扬很多,并且来自值得信赖的来源。而且,他们还倾向于关注任何可用的证据,以便支持他们是冒充者的观点。艾米丽的例子就说明了这一点。她无法摆脱自己无法解释"什么是理论"的困境。

最后,患有冒名顶替综合征的人对成功都有负罪感,也许更多的是恐惧。虽然自我感知的"冒充者"不想觉得自己是个骗子,但也不希望自己的努力工作带来更多的工作负担。更高的要求带来的风险引发了他们内心的恐惧,他们担心最终会被揭穿为他们自我感知的"冒充者"。值得注意的是,患有冒名顶替综合征的人通常确实有能力完成手头的任务；然而，他们总是将自己的成功归因于外部因素，而非自身的技能和知识。

我们都有冒名顶替综合征吗？

蒂姆·亨特（Tim Hunt）博士获得了诺贝尔生理学或医学奖。在接受采访时，很明显他也曾面临冒名顶替综合征，难以置信这一切是真的：

> 嗯，你只能慢慢接受这个消息。你会感到不自在，因为你担心别人会认为你其实不配得这个大奖——我当时就是这么想的。有趣的是，在宣布获奖大概两周后，我碰到了保罗（诺贝尔奖联合得主），他说："哦，蒂姆，我刚刚度过了一个极其糟糕的周末，因为我感到自己如此不配。"原来我不是唯一纠结此事的人！获得诺贝尔奖确实会让人进行一番深刻的自我反省，你最终会思索："为什么得奖的会是我？"你会回顾自己的职业生涯。如果你读一读往届获奖者的自传，就会发现这种反应很常见。

这段关于诺贝尔奖得主感到自己不配获奖的描述让人大开眼界。在我们的印象中，任何有如此成就的人都不会有这种自我怀疑的感觉。虽然冒名顶替综合征最初是在男性主导的职业中对女性进行研究时发现的，但研究人员发现，任何人都可能受到这种综合征的影响。而且，这种综合征可能出现在任何需要一定表现水平的领域。例如，与我相比，你可能是更出色的保龄球手、古董收藏家、拼写能手、作家、父母、教授等。考虑到人们在这些领域同样可能经历自我怀疑，这样的现象就不足为奇了。话虽如此,但似乎很少有人研究或探讨过汽车经销商处的购车者内心深处的秘密感受——他们觉得自己只是在碰运气,其实根本不知道自己在选购什么车型,而且害怕随时被揭穿其实自己并不懂车。部分原因在于,可能根本没有人问过他们这种感受,而他们自己也不太可能主动提起。不过,接下来我们将探讨一些关于冒名顶替综合征患者的研究,并突出介绍一些额外的例子,其中一些可能会让你感到意外。

我们现在知道,我们每个人都有可能产生冒充者的感觉,即使是诺贝尔奖得主也不例外。这种感觉也不局限于任何特定的领域,我们在追求的任何事情中都可能觉得自己是个骗子。据估计,我们当中有70%的人曾经或将要经历冒名顶替综合征。冒名顶替综合征在许多追求大学学位的学生中表现得尤为明显,这也不奇怪。研究人员发现,在医师助理、心理学、护理、医学住院医师培训和分子生物学等热门专业中,学生体验到冒名顶替综合征的情况较为突出。这可能是因为这些领域竞争激烈。如果诺贝尔生理学或医学奖得主都能对自己的成就产生自我怀疑,那么,普通的大二学生(比如卡特里娜)也很可能会质疑自己的学业表现。

冒名顶替综合征尤其可能出现在那些职业生涯刚刚起步的人身上。例如,处于职业生涯早期阶段的医生可能会犯错。当他们认为自己的医术和知识没有达到他人期望的时候,他们就会经历自我怀疑的时刻。他们可能会开始质疑自己,问自己:"我怎么会当医生?"学术研究者可能通过比较发表论文的数量或简历的长度来与同级别的其他人进行比较,如果他们觉得自己不如别人,这种比较可能会增加自我怀疑。我们在本章后面会探讨这种比较心理以及冒名顶替综合征的一些潜在根源。

即使是最著名的表现者(如名人和职业运动员),也曾讨论过他们对冒名顶替综合征的感受。例如，因出演《泰坦尼克号》(*Titanic Cameron*)中的角色而闻名的凯特·温斯莱特（Kate Winslet）说："我每天早上醒来，在去拍摄之前都会想，我还是别去拍了，感觉自己就像个冒充者。"玛雅·安吉洛（Maya Angelou）也曾这样描述她的经历："我已经写了11本书，但每次我都会想：'呀，不妙！他们会识破的。'我在每个人身上都做了手脚，他们会揭穿我的。"但是，这些例子中提到的成功往往不足以浇灭这些自我怀疑的情绪。美国广播公司（ABC）最近制作的一部纪录片强调了这一点。乡村说唱歌手杰利·罗尔（Jelly Roll）因其在音乐方面取得的巨大成功而家喻户晓，他谈到了自己患有冒名顶替综合征并每天与之斗争的经历。我们自己对高表现者的采访，也引出了他们患有冒名顶替综合征的故事。喜剧演员亨利·曹说：

> 我仍然在经历冒名顶替综合征。我总是觉得："哇！真不敢相信我又逃过一劫！"我依然有那种冒充者的感觉。我不敢相信自己能做到这一点。我不会说我觉得自己是个骗子，但我确实觉得自己是在侥幸蒙混过关。

同样，演员塔隆·比森（Talon Beeson）分享了他经历冒名顶替综合征的频率：

> 我每天醒来还是会想："今天他们就会发现我是个骗子，我根本不知道自己在做什么。"不过，你懂的，我觉得我们谁都不知道自己到底在做什么。但这并不能改变我知道自己并非唯一纠结此事的人，我们每天醒来都会想：

> "嗯,我其实不太明白这是怎么回事,可我就是放不下,而今天又是一个万般思绪萦绕心头的日子。"

MLB投手亚历克·米尔斯向我们分享了他遭遇冒名顶替综合征的历程:

> 我认为冒名顶替综合征在棒球界经常出现。我觉得,在任何职业或者任何人想做的任何事中都会出现这种情况,但在棒球界尤其如此。它真的会在你低落的时候给你重重一击。我第一次参加职业比赛是在爱达荷福尔斯。我在2012年被选中,过了一段时间之后……我首次登场亮相。我面对的第一个击球手打出了一记撞墙的二垒安打,球可能都没飞过15英尺(1英尺≈0.3048米)高,但被击打得非常扎实。接着下一个击球手就打出了一记本垒打,我想,这球打得真是恰到好处。那一刻,我确实开始怀疑:"哦,我属于棒球界吗?我是不是哪里搞错了?我搞砸了吗?"这些想法开始在脑海中盘旋,而我正站在投手丘上。你懂的,我记得有好几次,就在比赛结束后冲澡的时候,我把头靠在墙上,心想:"天哪,这可不是胆小鬼能干的。这可不容易。这完全不是我想象中的样子。"

幸好我们知道,我们并非唯一纠结此事的人,那些在不同领域令我们敬仰的人也会有和我们一样的关于冒名顶替综合征的感受,这一认知对我们很有帮助。这些例子表明,任何人都可能经历冒名顶替综合征,而不仅仅是身处学术环境的人。这种"觉得自己是骗子"的感受在公共领域被越来越多地提及,这让其他人更容易产生共鸣，并发展出克服自我怀疑和"冒充者"感觉的技能。

我们为何容易患上冒名顶替综合征？

有一天，莫妮卡和约翰在吃午饭时讨论起他们感受到的冒名顶替综合征，并试图找出产生这种感觉的原因。当他们聊得正起劲时，莫妮卡意识到，在成长过程中，她总是对自己非常挑剔。这种自我批评逐渐成为她性格中的一部分，由于这种习惯一直存在，她觉得自己是个冒充者的感觉愈发强烈。约翰在交谈中也意识到他总是拿自己和别人做比较。特别是，约翰发现自己总是拿自己和那些比他更资深的研究生做比较，因为他发表的论文没有他们多，所以他觉得自己就像个骗子。

虽然冒名顶替综合征在上述两个例子中给人的感觉是一样的，但我们能够区分出两个人产生这种综合征的原因。桑内·芬斯特拉（Sanne Feenstra）和一群国际同事将冒名顶替综合征的潜在成因归结为临床心理学层面的因素和社会心理学层面的因素，前者如莫妮卡，后者如约翰。临床心理学将"冒名顶替综合征"归因于个体层面，并将其比作一种人格特质。早期的研究者认为，这种综合征的体验源于消极的、批判性的自我概念。这就是我们推定的莫妮卡患冒名顶替综合征的根源。她形成了一种反复的自我批评倾向，这种倾向在持续的循环中不断加剧，导致自我怀疑进一步加深，而这种怀疑又反过来放大了自我批评。

芬斯特拉及其同事们认为，临床心理学不能充分解释为什么每个人都容易患上冒名顶替综合征，因此他们提出了社会心理学层面的观点。社会心理学层面的观点考虑了个人的社会背景，以及社会背景如何影响我们对冒名顶替综合征的易感性。这种方法从三个层面考虑了可能的根源：社会层面、制度层面和人际层面。从社会层面开始，与他人比较是人类的天性，这也是我们可能经历冒名顶替综合征的原因之一。就像约翰一样，我们经常将自己与他人进行比较，以了解自己在社会层级或表现等级中的位置（有关此类比较的更多信息，请参见第六章）。

当我们与错误的人或群体进行比较时，问题就可能出现。这就好比一个本科生将自己与研究生进行比较（研究生在该领域本身更具优势），或者一个住院医师将自己与主治医师进行比较（主治医师在临床实践中拥有更多年经验）。这些比较常常让我们觉得自己做得不够好，从而加剧了冒名顶替综合征的感觉。我们实际上是在用自己的弱点与他人的长处进行比较。即使是与同水平的人比较，如果不考虑背景或历史因素，也会出现这种情况。例如，一个新入学的钢琴专业学生可能会将自己与同一天开始上课的另一个学生进行比较。然而，他们并不知道另一名学生是专业钢琴演奏家的子女，从小就有机会观摩父母演奏，因此拥有之前的训练优势，尽管这种训练是非正式的。考虑到这些信息，我们基本上是在拿苹果和橘子做比较。

从社会层面解释冒名顶替综合征表明，我们所属的群体以及这些群体在社会中的呈现方式会影响我们如何看待自己以及自己的成就。这反映了我们在第一章和第二章中讨论的主题，即社会如何让我们习惯性地认为自己的潜力是有限的。那些接受传统观点（认为自己的表现有上限）的人，很可能因为不相信自己的真正潜力而陷入冒名顶替综合征的循环。社会层面的第二个考虑因素是，要真正做好一件事需要时间。这对每个人来说都是如此。然而，训练或练习中所需的高强度投入，往往是在幕后发生的。正因如此，除非我们能够了解他人的提升过程，否则我们可能会期望自己的进步速度远超过合理的范围。当取得进步所需的时间超过最初的预期时，我们可能会责怪自己，并将其视为"表现天花板"的证据。我们开始认为自己无法达到更高的成功水平。这些观点会导致自我怀疑，并增加我们彻底放弃的可能性。

相反，如果我们没有被这种想法迷惑，而是坚持做某件事情，那么，我们最终取得的成就往往会让我们震惊不已。当我们询问博士研究生泰勒·蒂姆斯（Tyler Tims）是否曾遭遇过冒名顶替综合征时，他分享了自己的经历："我几乎每天都感到自己是个冒充者，但如今，我开始经历一些塑造自己职业身份的时刻，感觉自己终于要融入其中了。"这个案例强调了持续努力去做某件事直到你开始感到舒适的重要性。

关于冒名顶替综合征的社会心理学成因的下一个考量因素被归类为制度层面，即我们通过观察机构中谁在执行什么任务以及为谁执行来判断自己的价值。当我们看不到与自己相似或背景相同的人时，我们可能会得出自己不属于该群体的结论，认为自己是冒充者。这与最初的研究结果非常吻合，那些研究观察到，在STEM领域的女性中普遍存在冒名顶替综合征，而一般认为男性并不存在同样程度的冒名顶替综合征。

最后，从人际层面审视冒名顶替综合征时，芬斯特拉及其同事指出，有一些社会评价线索指导我们评估自我价值，以及我们如何看待自己在职业生涯中的地位是否实至名归。换句话说，我们会敏锐地意识到别人是如何对待我们的。如果我们受到的待遇似乎很差，那么，我们就会将这些感觉内化，并得出结论：我们可能实际上并不属于这个群体，我们感觉自己就是个冒充者。

虽然每个人都有可能遭遇冒名顶替综合征，但某些群体比其他群体更容易出现这种现象。据观察，STEM领域的女性有较高程度的冒名顶替综合征，因为她们可能看到的女性同行寥寥无几，并且可能受到过不好的对待。其他在各自机构中"代表性不足"的群体也常常会经历自我怀疑。例如，家庭中第一个大学生、来自较低社会经济背景的人、少数族裔成员以及其他男性主导的领域或机构中的女性，都容易受到冒名顶替综合征的影响。

研究人员发现，作为一个群体，少数族裔学生的冒名顶替综合征发生率更高。科克利（Cokely）和他的同事对非裔美国人、亚裔美国人和拉丁裔学生中的冒名顶替综合征进行了研究，发现冒名顶替综合征的存在是心理压力的强烈预测因子，会对他们的总体幸福感产生负面影响。事实上，由于冒名顶替综合征，代表性不足群体中的高成就者似乎面临着更严重的考试焦虑、负面心理影响以及对自己智力的信心下降等问题。

家庭中的第一代大学生也有这种倾向。他们不断地在办公室、术语和期望的迷宫中摸索前行，这些对他们来说都是前所未有的经历。更糟糕的是，大学对许多人来说是第一次真正体验自由的地方，这使"在正确的时间遵循正确的程序"，以及从错误中学习经验教训变得至关重要。当你发现自己就像传说中的那样"上错了大学"时，你可能会感到相当尴尬。克林特·史密斯（Clint Smith）在《大西洋月刊》（*The Atlantic*）上发表了一篇文章，描述了对于那些未能有幸拥有显赫背景的人来说，要在精英大学的世界中找到自己的方向是多么艰难。特别是，他指出，对于某些人来说看似微不足道的事情，比如课程表上的"TR"表示周二和周四，可能会对不熟悉这个缩写的人来说造成极为负面的后果。这可能对任何有超过一个学期大学经历的人来说是显而易见的，但对于一个刚接触这种标记方式的人来说，他可能会对这个环境或大学生活本身是否适合自己产生怀疑。虽然不是每个人都会遇到这样的问题，但这恰恰说明了一些简单的问题会让人产生"你不属于这里，因为你是个骗子"的消极想法。

如何判断这是不是冒名顶替综合征？

著名的冒名顶替综合征研究专家丽莎·奥尔贝-奥斯汀（Lisa Orbe-Austin）博士探讨了冒名顶替综合征的可识别迹象，这对我们识别自己是否正在经历冒名顶替综合征有所帮助。这些迹象包括：

（1）你是个高成就者。
（2）你陷入了冒充者的循环。
（3）你渴望成为最优秀的人。
（4）你把成功归因于运气或歪打正着。
（5）你忽视了别人的赞扬。
（6）你害怕被揭穿是个骗子。
（7）你觉得自己不聪明。
（8）你有自尊方面的困扰。
（9）你有完美主义倾向。
（10）你高估了他人而低估了自己。
（11）你没有体验到内心的成就感。
（12）你过度工作或自我挫败。

你不妨把这当作一份病历清单。这些听起来是否耳熟？如果是，那你可能正在经历冒名顶替综合征却浑然不觉。

进一步使问题复杂化的是，冒名顶替综合征可能以多种方式表现出来。瓦莱丽·扬（Valerie Young）博士在其著作《成功男女的秘密思绪：能干的人为何会患上冒名顶替综合征，要如何克服并取得成功》（The Secret Thoughts of Successful Women and Men: Why Capable People Suffer from Impostor Syndrome and How to Thrive in Spite of It）中探讨了其中的一些表现形式。例如，她描述了这样几类人：设定无法实现的目标，一旦目标未达成，便觉得自己像个骗子；认为自己对某个主题的知识不够充分，从而觉得自己是个不够格的"骗子专家"；为了获得同事的尊重而承担过多工作以至于无法应付的"超人"；那些在发展一项技能时需要付出努力就会感到羞耻的"天才"。这些情况中有哪一种让你产生共鸣？听起来像你认识的某个人吗？我们确实经常看到这些行为，而且很可能自己也在某种程度上参与其中。我们中的任何人都可能在不知不觉中表现出这些行为，甚至不了解这对我们的表现会产生不利影响。

我能做些什么？克服冒名顶替综合征

克服冒名顶替综合征的第一步是认识到自己患有这种病。马迪·瓦瑞尔（Mardie Warrell）博士著有多本帮助你提升表现的书籍，为克服冒名顶替综合征提供了建议。她提出，自我接纳对这一过程至关重要。我们还必须有意识地认可自己的成功，并训练自己不要认为那是"运气好"，我们的成就源于我们的努力。虽然说"我不是冒充者，我是因为我的技能才取得今天的成就"似乎很容易，但说起来容易做起来难。一旦我们

第三章　冒名顶替综合征：感觉自己像个骗子

注意到冒名顶替综合征的感觉或特征，就可以通过列出自己的"病历清单"来减轻这些症状，帮助我们认可自己的成就，展现自己的成功。还有一种类似的策略源自丽莎·雅伦卡（Lisa Jaremka）主导的针对多领域的学术研究，即专注于过去的成功以帮助消除"冒充者"的感觉。雅伦卡的研究还揭示了另一个主题：我们常常接受"我们'应该'成为某种特定样子"这样的信息。例如，人们对教授的外表、行为或声音的刻板印象。虽然我们应该认识到这些先入为主的观念是错误的，但我们往往会把这些信息内化。克服冒名顶替综合征并非一蹴而就的事情；相反，这是我们在一生中逐渐培养起来的一系列技能。冒名顶替综合征是不会完全消失的。因为意识到冒名顶替综合征的发生频率是至关重要的，所以，假设有一个由来自不同领域的同学、同事和朋友组成的可信赖的网络，如果他们也患有冒名顶替综合征，就可以为你提供一个公开讨论自己困境的空间。这种交流为相互学习和提供支持提供了机会。

本章总结

我们已经探讨过，任何人都可能患上冒名顶替综合征，如学生、教职员工、名人、职业运动员，甚至是最杰出的成就者——那些我们觉得绝不会自我怀疑的人。

此外，冒名顶替综合征实际上还会造成心理困扰。患有冒名顶替综合征的人可能会逼迫自己更加努力工作，以免自己的"秘密"被揭穿，这可能会导致身心俱疲、过度工作和自我挫败。此外，完美主义和冒名顶替综合征之间存在相互关系，这意味着许多患有冒名顶替综合征的人也可能有完美主义倾向（关于完美主义的内容将在第八章中详细阐述）。另外，文化和环境可能会阻碍这些人寻求帮助，因为他们害怕自己显得能力不足或被视为失败者，这进一步证实了他们的不安全感。这也会对职业发展产生负面影响，并在晋升、薪资和其他发展机会方面设置障碍，因为他们觉得自己不够优秀。一个由经历过冒名顶替综合征的可信赖人士组成的网络，可以通过坦诚交流这些感受并相互学习来帮助彼此保持健康的心态。

📝 练习：你属于这里！

本练习旨在帮助你认识到冒名顶替综合征是一种多么普遍的现象，以及如何在自己的生活中识别和抵制这种现象。练习的第1题要求你找出3个（或更多）自称经历过冒名顶替综合征的人。在第2题中，你需要列出你亲身感受到冒名顶替综合征的次数。在第3题中，你需要思考这对你自己的受尊重程度意味着什么。

1. 别人：找出至少3位自称经历过冒名顶替综合征且觉得自己能力不足的人。他们可以是知名人士，也可以是你的熟人。

_____

_____

_____

2. 你自己：回想一下你自己经历冒名顶替综合征的次数。尽可能多地列举出来。

_____

_____

_____

3. 反思时刻：你现在已经找到了多位自称经历过冒名顶替综合征的人。这些人大都备受尊重。那么，如果这些备受尊敬的人也曾经历过冒名顶替综合征，这对别人如何看待你又有何启示呢？

_____

_____

_____

04 第四章
Overcoming Obstacles and Finding Success

人为天花板：
这就是我的极限所在

我永远不会自满。我一直都是那种喜欢让自己处于不舒适状态的人。我觉得，如果我感到不舒适，那就意味着这是我应该去追求的东西。我想，这就是我涉足这么多不同领域的原因吧。我时刻准备着学习新知识并摸索新方法。好吧，我该怎么做到这一点呢？或者是因为有人向我伸出援手，对我说："你为什么不试试呢？"

——贾斯汀·考西（Justin Causey）
艺术家兼艺人管理人

"永远要力求更上一层楼。"我本想说，这句话与娱乐业关系密切，但我又觉得，这句话与任何行业都息息相关。如果你满足于既得荣誉，就会停滞不前，尤其是在娱乐业。

——塔隆·比森
演员兼导演

斯塔西（Stacey）想要学习使用一款领先的视频编辑软件系统，但这款软件的强大功能让她感到有些畏惧。她笔记本电脑上的一款类似且免费的软件似乎没有那么复杂，并且看起来与高端版本有一些功能重叠。她的计划是先熟悉这款免费软件的功能，然后再看看哪些功能可以应用到目前让她望而生畏的专业版本中。她同时打开了这两款软件，以便亲自对比，并查看两者之间显而易见的共享功能。她对至少暂时能够熟练使用这两款软件感到满意，于是决定深入练习。练习了一个小时后，斯塔西被自己的进步震惊到了，决定转向专业软件。然而，她已经不知不觉地在专业软件的界面中工作了。一开始她不小心打开了错误的窗口，却一直没有注意到其中的差别。由于斯塔西误打误撞地开始使用了更复杂的程序，她并没有受到自己原本设定的"表现天花板"的束缚。这使她能够安心工作，而不会对使用专业软件感到焦虑不安。

"那是不可能的！"你很可能曾经考虑过某个项目或目标，但最终认为那是遥不可及的事——无论是跑步成绩、平均绩点（GPA）、梦想的工作还是其他的愿望。人类历来都志向远大。我们驾驭了火焰，实现了飞行梦想，探索了太空，取得了无数成就。在某些情况下，只有当一个人或少数人看到其他人尚未察觉的事物时，才会推动进步。很多时候，曾经被认为不可能的事情也会变得司空见惯。试想一下奥维尔·莱特（Orville Wright）和威尔伯·莱特（Wilbur Wright）——也就是众所周知的莱特兄弟，为了实现他们那简陋飞机的成功起飞所经历的艰难历程。尽管他们要直面铺天盖地的质疑和嘲笑，但他们还是坚持了下来。此外，几乎任何人都能明显看出，航空旅行是现代生活中不可或缺的一部分，很难找到一个人仍然宣称航空旅行的壮举是不可能的事（尽管我相信也可能存在这样的人）。

从莱特兄弟的事例中可以得出这样一个启示：某些成就在实现之前常被认为是不可能的，这其实并不罕见。然而，这些成就一旦实现，往往就会变得司空见惯。事实上，我们每天都将许多"不可能"的成就视为理所当然，包括电力和互联网。"4分钟跑1英里"（1英里≈1609.34米）一度被认为是中长跑运动员梦寐以求的"圣杯"，但现在已经成为一个非常容易实现且普遍的跑步成绩。

最近有一个引人入胜的例子：一种泳衣面料的改变导致了人们对人类能力极限的重新认知。在2008—2009年赛季，竞技游泳运动员开始使用一款新型泳衣，即由新面料制成的"超级泳衣"。穿着新型泳衣的运动员们取得了极大的成功。巨大的成功！可以说是"创造了43项世界纪录"的那种成功。正如大多数好事物一样，这款泳衣的辉煌最终也走到了尽头。2010年这款泳衣被禁穿了。然而，令人着迷的事情发生了：在"超级泳衣"被推出和禁穿后的几年里，游泳运动员的整体游泳表现仍在提升。关键的教训在于，提升表现的并非泳衣本身的面料，而是人们在心理上突破了达到这一水平的障碍。这个例子是"人为天花板"理念的缩影。在超级泳衣的例子中，这是竞技游泳运动员和教练共同商定的"表现天花板"，但归根结底它都是一种人为设定的上限。

"超级泳衣"和"4分钟跑1英里"这两个例子让我们想起了美国汽车赛事组织NASCAR采用的一种做法。该组织要求在赛车上安装限速板以控制赛车的行驶速度。这增加了比赛的激烈程度，提高了车迷的观赛体验，同时也提升了对车手策略和技巧的要求。这让我们觉得，这与我们常常为自己设定的"人为天花板"的作用是一个非常贴切且具体生动的类比。正如前面提到的，这些限制可能源于集体观念，如禁穿"超级泳衣"的例子，也可能源于个人想法。然而，移除这些隐喻性的"限速板"可以让你"全速前进"。

更广泛地说，我们常常没有意识到，当适宜的环境得以营造时，我们自身能够达成多少成就。诚然，我们生活中的许多境遇都超出了我们的掌控。然而，正如我们希望在本书中传达的那样，我们通常拥有比人们认为的更大的控制权。本章将重点探讨我们个人给自己设定的上限，以及集体社会观念对我们认为可实现之事的影响。我们将介绍一些可能影响大众如何看待不可能实现的成就的因素，尤其是从这些因素对个人表现的潜在影响角度出发，并探讨这一切如何影响我们自身设定的人为限制。最后，我们将剖析与一些非常成功的表现者交流中所获得的经验和主题，并提供一些见解，帮助你减少自我设定"人为天花板"的倾向。

社会默认观念的影响

正如第一章指出的，弗朗西斯·高尔顿爵士关于个人表现存在预设上限的观点影响了一个多世纪以来人们看待表现的文化视角。简而言之，高尔顿认为每个人的表现都有一个不可超越的自然极限。按照这种观点，如果强尼在数学方面已经达到了他的能力天花板，那么无论接受多少训练或练习，都无法使他的表现水平超越这个所谓的"天花板"。我们在第一章中提出了相反的观点，即通过长期参与旨在提升表现的活动，并根据需要对训练进行迭代调整，就有可能不断提升表现。数十年的研究支持了这一观点（e.g., Miller et al., 2020），此外，长时间的投入被认为是提升表现的必要因素（e.g.,Campitelli & Gobet, 2011）。

尽管有这些证据，高尔顿关于"表现天花板"的观点对社会整体看待高表现的方式产生了巨大影响，这种影响一直持续到今天。人们常常对表现最佳者用"天赋异禀"或"天生好手"等词来形容。由于这种看待高表现的视角已经在社会中根深蒂固，所以，要广泛传达人们能够将自己的表现提升到超出他们自身认知的程度，需要付出巨大的努力。我们中的许多人似乎没有认识到可控因素对精英表现的影响，而是陷入了一种与天赋能力有关的"集体确认偏见"。例如，在一场精彩的比赛之后，一位有着丰富训练经验的运动员因其天赋出众而备受称赞。由于很多人一直在寻找证据来证明这位运动员拥有超乎常人的天赋，已被"证实"的天赋掩盖了他付出的努力，这正是确认偏见的表现。传奇的NBA球员迈克尔·乔丹曾因自己的努力被忽视而感到困扰，有人认为他的成功主要归功于某种特殊的天赋。他曾说："我每天在场上挥汗如雨3小时，可不是为了体验流汗的感觉。"

因此，高尔顿的学术研究促成了社会层面上关于人为设定表现上限的观念。在目睹令人惊叹的表现时，人们往往会集体倾向于认定该表现者"天赋异禀"。将某人的表现归因于天赋本身并无不妥，但问题在于这种标签会导致人们忽视大多数（如果不是全部的话）顶尖表现者付出的巨大努力。在某些情况下，高表现者会透露他们的准备程度。斯蒂芬·库里曾透露，他采用了教练认为是顶级投手的球员所采用的非常特殊的训练方案。这种新的训练技巧使他在不久之后成为联盟三分球投篮命中率最高的球员。遗憾但也可以理解的是，并非所有高表现者都愿意向大众分享他们的训练过程。为什么呢？以斯蒂芬·库里为例，他采用了同为顶级球员的队友的训练方法，而这些训练方法在联盟中相对广为人知，远非什么秘密训练法。然而，出于种种原因，将行之有效的技术秘而不宣，显然具有明显的竞争优势。

不共享训练技巧的好处

在一个完美的世界里，我们都会互相鼓励，庆祝彼此的成就，并公开分享我们取得成就的途径。显然，我们并不生活在一个完美的世界里，不共享那些提升表现的技巧的主要好处是非常直截了当的。因此，隐瞒这类信息会给信息拥有者带来竞争优势，同时又会增强他们的能力。因此，在许多情况下，对于某些表现者来说，分享竞争优势的来源是过于冒险的一步；而对于另一些表现者来说，无论在什么情况下，这都是不可接受的。虽然有些人不忍心对竞争对手采取极端手段，但即使是最慷慨的人也未必愿意拱手交出自己的制胜秘诀。这种情况可能涵盖从保持组织中最佳销售员的领先地位到成为竞技体育中的佼佼者等各个方面。

这里有趣的一点是，在某些情况下，研究人员试图用科学的方法找出区分不同水平的表现者的因素。一旦确定了这些因素，研究人员就可以让高表现者分享他们达到各发展阶段的训练技巧，如此便可解密他们的成功途径——也许是他们最初参与的训练项目，或是他们如何突破瓶颈期的方式。研究人员采用的一个相关方法是，努力找出形成其优势的具体表现要素，然后根据这些信息开发训练方法，从而加快技能较差的表现者的发展。

例如，彼得·法德（Peter Fadde）是一位在棒球领域做了大量研究的研究人员，他和他的同事们根据实际比赛中的击球平均数，识别出他们球队中最好的大学棒球击球手。这意味着每位球员的击球表现水平都经过了充分检验，是基于多场比赛积累而成的，而不是基于非正式观察或直觉的判断。这是一个重要的观点，因为它为研究人员接下来的发现增添了可信度。通过一种名为"视觉遮蔽"（visual occlusion）的技术，他们能够确定顶尖击球手的优势何时出现，即只有最佳击球手才能够准确预测投球轨迹的那些时刻。在确定这些击球手后，击球率较低的击球手随后便会接受针对性的训练，从而培养他们在最初阶段识别出的关键点位更好地预判投球轨迹的能力。这种方法有效吗？事实证明，那个赛季该队的击球率在联盟中位居榜首。如第二章所述，这种方法已被编纂为"基于专家表现的训练"（ExPerT）和"基于专家技能的训练"（XBT）。

不分享成功路径的另一个优势是心理层面的。它能带来一种优越感。许多有利可图的领域都有所谓的"把关人"，比如娱乐行业、体育界或竞争激烈的大学。进入这些领域能带来一定的声望，让获准进入者感觉自己仿佛加入了一个专属俱乐部。这些排他性群体的现有成员可能会出于各种原因拒绝提供指导，比如，希望他人"经历磨难和成长的阵痛"，或者觉得自己是被选中的少数人等。想必每个人都有过渴望进入某个禁地或获得某种受限机会的经历。一旦获得了梦寐以求的演员角色、签订了职业体育合同或锁定了一个顶尖法学院的名额，那种振奋人心的感觉是可想而知的。

需要指出的是，并不是每个人都能达到在竞争性领域取得成功所需的水平，因此某种程度的"把关"是必要的。然而，如果有关如何实现成功的信息能够更广泛地传播，许多表现者或许能够脱颖而出。与过去的"把关人"不同,在现代社会,这种"把关"行为往往通过社交媒体上的点赞或其他类似互动形式体现为集体评判。此外,虽然高表现者愿意分享其技巧的程度各不相同,但可以理解的是,一定程度的保密性是会存在的。最后,有些人可能恰恰因为不分享而获得愉悦感,这种保守秘密的行为本身就能带来掌控特殊信息的心理满足。

社会对高表现者的看法对我们自己设定的"表现天花板"有着持久的影响,而且,不透露那些已知有助于克服此类信念的方法也有其好处。从根本上说,保守"行业机密"可以为我们提供潜在的竞争优势,让我们做好充分准备,并缩小竞争范围。这些社会观念和实践又会对个人产生怎样的影响呢?

社会观念对思维方式的影响

要理解高表现者以及通常意义上的成功,了解本章前面讨论的社会因素是很重要的。我们不禁要问,总体社会观念是否会在很大程度上渗透到个人层面。正如大多数实质问题一样,答案是"情况比较复杂"。在最理想的情况下,即有充足的经济资源、有热心或知识渊博的父母、有机会使用一流的设施、可以获得优秀教练或教育工作者的帮助等,人们不太可能人为地给自己设置上限。就像普通人经历的许多事情一样,这些人可以避免生活中的许多不利因素。然而,社会对人为设定的"表现天花板"的集体看法会对我们大多数人产生巨大影响,并导致各种各样的后果。

可以理解的是,上述社会因素导致许多高表现者将自己无法取得成功这一信息内化于心。这种内化对这些人看待自身"表现天花板"的视角产生了巨大影响。以卡森为例,他是一名就读于乡村高中的学生,在数学课上遇到了困难,便认为自己"不是学数学的料",永远无法掌握相关概念。由于这种观念,卡森从未认真尝试去学习这些内容,情况相当糟糕。一位忧心忡忡的老师在卡森的自习时间主动提出额外辅导以帮助他重回正轨。但卡森认为再多的努力也是徒劳,于是对老师的提议置之不理,溜出去和朋友们在停车场玩耍。卡森的决定导致了"自我应验的预言",卡森在数学课上继续一路挂科,他就是认为自己与数学无缘。虽然卡森的故事只是个例,但它揭示了一个事实:如果一个人给自己人为设定了很低的"表现天花板",并认为无论自己做了多少准备都无法取得进步,那么,让他参与提升表现的活动是何等艰难的事情。

回想一下第一章的内容,斯坦福大学的卡罗尔·德韦克在研究人们对自身能力的看法时提出了"固定型"和"成长型"两种思维模式。持有固定型思维模式的人认为自己在某个领域具备一定的能力水平,并且无法超越这一水平。这种观点与成长型思维模式形成鲜明对比。持有成长型思维模式的人则认为人们对表现的武断限制是一种谬误,一个人总是可以通过适当的措施来逐步提高自己的表现。

德韦克的重要发现之一是,与持有成长型思维的人相比,持有固定型思维的人不太愿意接受新的任务或情境,不太愿意尝试具有挑战性的任务,在遇到困难或失败时也不太愿意坚持下去。这些倾向在儿童时期就被识别出来,并且会持续到成年。此外,一个人持有的思维模式很可能是从父母那里继承而来的。特别是那些对失败强烈反感的父母,往往会关注孩子的表现,而不是关注在事情出错时可以吸取的教训以及可以实现的表现提升。

这种过度关注表现本身而忽视学习机会的现象,可能会导致孩子们也过度强调表现,并形成对表现的固定观念,这也在情理之中。简单地说,孩子们大概会认为,如果成长和学习是培养技能的关键部分,那么,当事情进展不顺利时,父母就不会如此焦虑了。

这种从父母到孩子的思维模式传递过程,既可以是隐性的(如上文中提到的例子),也可以是显性的(比如,父母直接说一些限制性的话)。也许是受社会观念的影响,父母通过对孩子说一些限制性的话,人为地给孩子的潜力设置天花板,会对孩子产生巨大的影响。这些可能造成伤害的言论,与指出某人做得不好的地方(第十章)或为帮助改进而提供的关于表现的建设性反馈(第十四章)是不同的。后者正是前面提到的潜在学习机会。而那些可能造成伤害的言论是关于孩子本身的,还可能与表现的结果有关(例如,"唉,你就是没有学数学的天赋")。当父母在某个领域经验不足时,这种状况可能会进一步加剧,例如,非运动员的父母有一个运动员孩子,或者家庭中第一代大学生的父母。

未能看到可能性

一场飓风级别的暴风雨席卷了我现在的家乡,造成了相当大的破坏。我的院子里至少有六棵树被刮倒了。此外,地上散落着许多折断的树枝,看起来就像有人在我的院子里倒空了巨大的火柴盒。真是一片狼藉!我购置了一把质量上乘的电锯,开始将倒下的树木切割成段以便清理。完成这一初步任务后,我便着手清理那些散落的树枝。可以说,清理树枝比切割树木更具挑战性,因为这似乎是一项永无止境的任务。最终,似乎任务即将完成,我可以去处理下一项工作了。然而,当那些最粗大、最显眼的树枝被清理后，我才意识到剩下的中等和细小的树枝几乎同样繁多。让我感到意外的是，直到清理掉那些大树枝，我才真正发现还有这么多中小树枝需要处理。这一切发生的时候，本书的策划工作正在紧锣密鼓地进行着，这些经历与书中主题的相似之处立刻显现了出来。首先，它让我意识到，我们常常看不到摆在眼前的种种可能性，即便有时这些机会就在我们眼皮底下。其次，有时候，只有当我们付出一定的努力，实现某个阶段性目标后，才可能真正意识到那些更细微的部分，甚至可以着手处理它们。

这种限制可能会因为你是"第一代"从事某事的人而加剧。通常是家人或值得信赖的家庭朋友将某人引入某个领域。之后，教练或老师可能会接手指导，但家人和朋友往往知道一些适合此人的自我提升法，尤其是在这些最初阶段。这些人通常为这个人提供初级或中级指导，以便他在自己的追求道路上取得良好的进展。比如，一个学生试图获得拼写比赛的资格、加入青少年保龄球联盟、下棋或追求其他方面。缺乏更高水平的专业指导可能会阻碍进步，最终使当事人形成固定型思维，即"我感觉自己就不是那块料"。

值得庆幸的是，作为家庭中第一代大学生所面临的困难已经引起了广泛关注。诚然，如果一个人进入了大学，他就已经闯过了未知的雷区，但如果对各种可能性缺乏了解，可能会在一个人真正踏入大学校门之前就阻碍他的脚步。比如，一个学生可能会错过一些预备课程，或者错过那些能增强他进入大学机会的机遇。虽然这种情况在社交媒体时代不太可能发生，但如果哥哥对大学专业选择的理解存在偏差，可能会让他的弟弟在寻找合适大学的过程中迷失方向。大多数领域都有其特定的规范，学习这些规范需要时间，如有专业人士为你指点迷津，则会让学习的过程更加高效。

作为家庭中第一代大学生的一个不幸后果是,那种格格不入或低人一等的感觉很难克服。我们在第三章中专门探讨了被称为"冒名顶替综合征"的现象,即无论取得何种成就,我们都觉得自己是个骗子。第一代大学生更容易体验到冒名顶替综合征,同时也可能会加剧在体验该综合征时的压力感。第一代大学生可能总是会与"害怕被揭穿"的非理性恐惧做斗争。

正如我们将在第十章(正视自己的不足之处)和第十四章(寻求反馈或批评)中讨论的那样,这些人也可以提供关于某人进步情况的关键反馈。人们很容易高估或低估自己在某项任务上的表现,这就是我们将在第十章中讨论的、如今广为人知的邓宁-克鲁格效应(Dunning-Kruger effect)。医学教育学者凯文·伊娃(Kevin Eva)博士指出,对于尚未认识到自己优秀潜力的人才,我们应像纠正能力较低者对自己擅长之事的错误认知那样,付出同样的努力来留住他们。这当然适用于此处,也适用于我们对能力出众的第一代大学生的讨论。

关于能不能看到可能性的最后一点思考:看不到可能性并非个人的过错。同样,你"未能看到可能性"的程度可能在很大程度上受到作为某事的第一代参与者的身份的影响。那种坐在正式晚宴上,不确定该用哪种餐具,或者不知道如何得体地吃东西的普遍感受,想必你也曾经历过。想象一下,你几乎对所遇到的一切事物都有这种感觉。这通常是当你成为家族中第一个进入大学或踏入某一特定领域时的经历。花费大量精力去适应环境,同时又不想显得格格不入,很可能减少了你发现自身可能性的机会。现在我们将分享一个可能出乎意料的视角来审视失败。

失败，就是尚未成功

当你想到"失败"这个词时，脑海中会浮现出什么？失败是经常被误解的概念。你们中的许多人可能会想到一种凄凉、悲惨的生活状态，还有人可能会想到某个特别难忘的事件或类似你让团队输掉比赛的时刻。这些设想固然属于"失败"一词的范畴，但失败也是"进步"过程中不可或缺的一部分。你可能要尝试300次才能最终成功或获得期望的结果。前299次都会被视为失败。但这不过是实现目标或达到自己设定标准的过程。如果一个人在第79次尝试时放弃了一个领域，而最终导致他结束了对目标的追求，那么他可能会理所当然地认为这就是通常所说的"失败"。

然而，如果我们重新审视失败及其对你的意义呢？正如本章的其他主题一样，我们可以根据失败对你所追求目标的影响来考虑它对你的潜能的影响，而这种影响取决于你的思维模式。持有固定型思维的人会将失败视为一种需要避免的耻辱，因为这可能会暴露他们的"极限"。在这种情况下，多次失败会表明某人已达到其所谓的有限能力的"天花板"。在这种情况下，这个人会放弃那些可能需要多次尝试（和失败）的机会。与此相反，持有成长型思维的人会专注于过程，而不会认为多次尝试（和失败）会带来麻烦。这是因为，持有成长型思维的人通常认为，失败不会暴露他们现有能力的极限。

我们鼓励你重新定义"失败"，将其作为追求过程的一部分，无论你如何看待固定型思维模式与成长型思维模式之间的区别，甚至即使你完全不认同"思维模式"这一概念。最重要的是，除非你反复经历失败，否则你在任何事情上都不会取得进步，更别提真正擅长了。要将那些不如预期的情况当作寻求改进的机会来欣然接受。传统意义上的失败发生在这一过程被中断，以及你过早放弃某项追求的时候。现在我们来考虑一个相关的问题，即不要害怕尝试新事物。

不害怕尝试

我们从与高表现者的访谈中得出的一个重要启示是，人们不应害怕尝试新事物。乍一听，这似乎像是那些自助类书籍中反复提及的陈词滥调，令人厌烦。这是可以理解的。然而，请回顾我们在本章中讨论的所有内容：高尔顿的持久影响、思维模式，以及人们人为设定的过低的表现上限。这些因素与其他诸多因素相互作用，以显著和微妙的方式，最终决定了一个人努力的轨迹。如果我们的高中生卡森接受了老师的额外辅导，并花更多时间自学以提高数学成绩，结果会怎样呢？研究人员戴维·耶格尔（David Yeager）和格雷戈里·沃尔顿（Gregory Walton）给出了精辟的论述，他们将众多因素的相互作用比作一架重达数吨的飞机获得升力和实现飞行的过程。正如他们在下面的引文中指出的，任何一个部件的细微变化都会对结果产生明显的影响：

> 飞机之所以能飞，是因为其机翼经过精心设计，能产生一种空气动力（升力），从而将飞机托起。人们自然会好奇，机翼形状的细微变化如何能让如此沉重的物体飞起来呢？基础实验室研究有助于解释气流的原理，并表明机翼的形状和位置会导致空气在其下方比上方流动得更快，

> 从而将飞机抬升到看似不可能的高度。同样，通过基础科学研究的隐蔽却强大的心理力量，也能提升学生的学业成绩。工程师利用流体动力学理论来微调机翼，结合其他因素，使飞机得以飞行。同样，社会心理学视角利用基础理论和研究来识别具有教育意义的心理过程，并在复杂的学术环境中巧妙地改变这些过程，从而提升表现。

这与本章前面部分描述的因临时使用超级泳衣而导致游泳表现上限发生变化的情况颇为相似。游泳运动员根据完成时间的变化重新调整了对自身能力极限的认知。你现在可能在不知情的情况下给自己设定了一个心理障碍，认为自己无法突破某个"表现天花板"。重申一下，有些事情看似不可能，但事实并非如此。这种认知上的转变有时发生在个人层面，有时则发生在更广泛的社会层面。

一旦游泳运动员调整了对自身能力极限的认知，他们便在新的标准设定后持续将表现提升到新的高度。值得再次强调的是，发生变化的是观念。其他的变化可能更为细微，比如学生提高学业成绩或保龄球手提升球技。希望游泳运动员的例子能促使你重新审视自己设定的"表现天花板"。不要给自己人为设限，也不要因为你感知到的限制而不敢尝试新事物。

让我们来看几个现实生活中那些高表现者勇于尝试新事物的例子。托马斯·埃斯特拉达一直热爱绘画。他原本是个从事害虫防治工作的顾家男人，后来才有机会进入电影行业。托马斯曾为迪士尼和梦工厂等工作室制作过大型电影。尽管这很了不起，但我们之所以在本节讨论他的职业生涯，是因为他是在所有动画内容都靠手工绘制的时代进入这一行业的。在他从

第四章 人为天花板：这就是我的极限所在

业几年后，当电脑制作动画开始在业界盛行时，动画制作过程发生了巨大的变化。托马斯热爱自己的工作，尽管制作流程发生了变化，但他并不想转行。但问题在于，他根本不会操作电脑。说真的，托马斯甚至不知道如何设置密码，因为他对"特殊字符"中的字符部分一窍不通。因此，托马斯立即回到了害虫防治工作岗位，并且干得很不错。

正如你从本节标题中可能猜到的那样，上文的最终陈述实则不实。托马斯在得知这一转型消息后非常焦虑，这是可以理解的。他曾考虑过寻找一份新职业，或者至少找一份能让他继续从事手绘艺术的工作。就在反思的某一刻，托马斯突然顿悟。他意识到自己的艺术造诣早已在数载光阴中历经数次重构。他决定将其视为仅仅是在学习一种新的艺术创作技巧，而他也确实做到了。托马斯一直是一位备受尊敬的电影插画师，他不断采用行业中不断变化的技术。这种不给自己人为设限的态度，随着该领域的不断发展，持续为他带来了益处。正是因为最初迈出了学习电脑动画的一步，托马斯将行业中的每一次新发展都视为可学习的对象。托马斯补充说，这最初的一步是"大事"，而他一路磨炼的技能也为他带来了在电子游戏行业工作的机会。

贾斯汀·考西是音乐、娱乐和艺术行业的经理人，他进一步表示，他乐于接受不舒适的状态。考西（他喜欢别人这样称呼他）从事过多个领域的工作，从（前面提到的）艺人管理到电影制作，甚至还为耐克设计过一款鞋子。他分享说，自己一直保持着随时准备学习新事物并思考"我怎样才能做到这一点"的习惯。当有人向考西介绍新事物时，他会大胆尝试，因为他知道潜在的回报值得去冒险。这种做法是不人为设置"表现天花板"和不错过机会的绝佳范例。

塔隆·比森是一位演员，他曾亲身经历过这样的事情。当时他参演的一部剧的舞台监督恰在一家配音工作室兼职。配音工作室的老板在观看了他们制作的一场演出后，对塔隆的声音印象深刻，建议他尝试一下配音。当时，塔隆甚至都不知道有配音工作这回事。工作室老板提出，如果塔隆能为工作室建一个网站，她就给他制作一段试音带。问题是塔隆根本不知道如何建网站，但他毫不气馁："我还是答应了，然后在周末自学了HTML，为她建好了网站。"不到一个月，这个以网站换试听带的交易为他带来了一份为期两年的全国性品牌代言工作。

本章总结

在这一章中，我们探讨了弗朗西斯·高尔顿爵士关于内在表现极限的观点是如何持续存在，并可能导致我们给自己人为设定"表现天花板"的。这种关于表现上限的社会观念，加上不相信自己可以通过努力提升的信念，最终会导致我们中的许多人最终限制了自己的成就。这种限制通过一个关于一种特殊面料的故事得以体现，这种面料重新定义了人们认为的"人类表现极限"，即使这种面料后来被禁用，更高的表现极限依然存在。我们对自己施加的这些人为限制可能会导致以下困境：看不到我们可以利用的各种可能性，害怕犯错，以及不把错误视为学习的机会。最后，我们阐述了这些因素如何使我们不敢踏入某个领域，甚至不敢迈出第一步。

📝 练习：我做到了吗？

该练习将帮助你识别一些你曾实现的超出自己想象的成就，以及你目前在实现目标过程中可能存在的恐惧。练习的第1题要求你写下至少一个你完成得远超预期的实例。第2题则会要求你识别一些可能令人畏惧的下一步行动。

1. 请至少举一个例子，说明你曾完成了一件令自己感到意外或震惊的事情。

_____
_____
_____
_____
_____
_____
_____

2. 接下来的哪些步骤让你感到害怕或者觉得遥不可及？

_____
_____
_____
_____
_____
_____
_____

05 第五章
Overcoming Obstacles and Finding Success

放弃：
或许我该就此放手

如果没有这种驱动力，我想我不会成为一名艺术家。这种驱动力从未减弱，我的创作欲望也从未消退。我觉得自己从未有过"我想放弃"的想法。但我知道自己曾有过"这真的很难，真希望有人能帮我一把"的念头。

——凯蒂·科尔（Katie Cole）
碎南瓜乐队巡演成员及创作型歌手

我觉得几乎在每一个阶段，大家都会有想要放弃的时候。你知道，这有点儿像是一种你永远不会说出口或摆到桌面上的选择。这和成功的婚姻是一样的心态，永远不要把离婚摆到桌面上，甚至不要把它当作一个可供选择或依赖的选项。

——泰勒·赫尔（Taylor Hull）
Formula Drift漂移赛职业车手

第五章 放弃：或许我该就此放手

来自合著者艾米丽的分享：

> 我刚刚完成了硕士课程，并且顺利通过了论文答辩。当我开始攻读博士学位时，我自信地认为我也会做得同样出色。大约一年半后，我将博士论文开题报告提交给了我的博士生导师。结果开题报告被退回，整整一页都被打上了红叉。我脑海中有个声音在告诉我："放弃吧，如果连开题报告都写不好，你就不是干这一行的料。"我的同学和家人都鼓励我不要放弃。于是我决定更加努力，向我信任的教授们寻求写作方面的帮助。之后，我提交了另一份草稿，这一次，只有零星的红笔批注。如果当时听了那些让我放弃的声音，我就不会以优异的成绩毕业，也不会成为一名成功的研究员和教授。

我们可能都曾有过像艾米丽那样的感受。人在遇到挫折时，有时会本能地想要放弃，这很正常。放弃似乎比直面挑战容易得多。也许我们会觉得坚持下去不值得。你可能已经达到了一定的表现水平，并对目前的状况感到满意（回想一下第二章中讨论的"满意即可"这一概念）。

我们或许还害怕，如果一直坚持做自己力不从心的事，自身的极限就会暴露无遗。正如我们在第一章讨论的，这种顾虑源自固定型思维模式，与成长型思维模式背道而驰。持有固定型思维的人认为自己的能力是既定的，而且这种水平大多时候都是恒定的，甚至是始终不变的。例如，有人可能认为备考

SAT毫无意义，因为无论准备程度如何，他们的成绩都不会改变。这种对自身极限的看法也会助长冒名顶替综合征（在第三章中讨论过）。一个持有固定型思维且深受冒名顶替综合征困扰的人，可能会选择放弃，以免被周围的人视为失败者。

这种考虑很常见，冒名顶替综合征是一种切实存在的担忧，并且会带来切实的后果。然而，正如我们在第一章中提出的，"要想真正精通某件事，通常需要在正确的事情上努力一段时间"。在我们的讨论中，"时间"是这一表述的关键要素。要做到真正擅长某件事，几乎总是需要大量的时间。需要明确的是，我们讨论的不仅仅是达到在本地保龄球馆周四晚联赛中获胜的水平。虽然任何持续位列排行榜顶端的人都可能投入了相当可观的时间，但有人或许可以在短暂的练习后就能达到这一水平。不过客观地说，这取决于竞争的激烈程度。正如安德斯·艾利克森及其同事指出的，我们往往能达到一个稳定的水平，这足以让我们在某一特定领域保持足够好的表现。例如，高尔夫球打得好，你便可以和同事一起打一场友谊赛；乒乓球打得好，你可以和朋友一起打完一场比赛。在这些情况下，你很容易对自己的能力和水平产生错误的认知。要想在某方面真正具有竞争力，几乎总是需要投入更多的时间和精力。

更多持怀疑态度的读者可能会认为，前0.1%的顶尖表现者并不需要投入如此多的额外时间。他们的论点可能是，这些顶尖的表现者或许拥有天赋异禀的能力，无须投入如此多的时间。这种情况或许确实存在。然而，我们必须提及两点考虑。首先，我们没有很好的办法将这些顶尖的表现者付出的努力和花费的时间与其天赋区分开来。一个拥有巨大潜力的人若不付出努力去开发自己的天赋，是不太可能达到巅峰的。例如，运动员要训练，学者要思考和写作，企业家要分析和集思广益，

第五章 放弃：或许我该就此放手

等等。如果幸运的话，他们中的一些人是在父母开创事业的家庭中长大的，比如，父母是音乐家、思想家或运动员，并且在各自的领域有所建树。

按默认情况来说，顶尖的表现者的人数并没有那么多。这个概念本身就包含了这一点。细分下来，这个比率意味着，无论考虑的是什么，1000人中有一个人的智商会在前0.1%（即1/1000）。所以，当你参加一个距离最近、容纳人数为5万人的体育赛事或音乐会时，你可以预期大约会有50名与会者的智商位列前0.1%。拥有约50万人的城市会有500名居民处于这个智商水平的顶尖行列。这些粗略的估计仅仅是基于统计学的考虑，但它们说明了只有极少数人能够达到这样的水平。

然而，任何领域中排名前15.8%（我们在第十章将讨论"优于平均水平"的门槛）的人群将是你的竞争起点。在一座拥有约50万人的城市中，这相当于7.9万人；在一场5万人的活动中，这相当于7900人。我们想表达的一个观点是，即使优于平均水平的表现者被认为拥有比处于平均水平和低于平均水平的表现者更高的"天赋"，但高表现者最常见的竞争对手很可能还是来自优于平均水平的表现者群体。他们从训练中加速获益的潜在能力与其他同水平的竞争对手相似。我们认为"要想真正精通某件事，通常需要在正确的事情上努力一段时间"这一说法是成立的。

因此，我们一直认为投入时间仍然至关重要，这意味着你必须长期坚持某件事才能真正做得出色，而这与轻易放弃是截然相反的。本章的其余部分将探讨关于"不放弃"的研究。我们主要探讨毅力、坚毅力和韧性方面的研究成果。接下来，我们重新审视之前章节中首次介绍的一些问题，即有抱负的高表现者可能会偏离正轨的原因，包括社会视角下的"表现天花板"、资源匮乏以及技术意识的缺失。接下来，我们将探讨目标在帮助你不轻易放弃方面可能发挥的作用。我们还将讨论"假装自己行，直到真的行"的概念，以及我们采访过的高表现者对这一说法的看法。最后，我们将会介绍并分享我们对所谓的"沉没成本谬误"的看法。

感觉想要放弃吗？

詹姆斯选修了一门他学过的最难的课程。在此之前，他所有的课程成绩都是A，但这门课却不是。他开始怀疑自己，随着每次作业的完成，他的自信也在不断减弱。这些经历让他产生了对失败的恐惧和消极的想法，他对作业也越来越没有耐心。他准备放弃，接受自己会挂科的事实。然而，在詹姆斯与朋友们倾诉他的挫败感时，朋友们告诉他不要对自己过于苛刻，要专注于手头的任务。他们还提醒詹姆斯要多关注自己的成就，而不是抓住失败不放。尽管这一切对詹姆斯来说并不容易做到，但确实有帮助。一旦他改变了对自己和这门课的看法，他就把这门课视为一个提升自己的挑战。从本质上讲，他对失败的恐惧变成了他的动力。

通往成功的道路通常不是直的，而是蜿蜒曲折的，每个转弯都可能带来不同的潜在挫折。你可能会遇到一段让你意外的弯曲路段，因为你本没有预料到它会是这样的；或者，你可能会惊讶于自己需要应对的转弯数量之多。同样，你也可能会遇到一段特别长的弯道。这些隐喻意义上的弯道体验有时会考验你的耐心。我们在面对艰难险阻时很容易忘记前方可能是什么——在完成目标的过程中的每一个小小的进步。有时放弃似乎是最好的选择，但如果你坚持不懈并完成目标，你会为自己克服成功路上的障碍而感到自豪。詹姆斯这门课得了B，虽然这结束了他的"A连胜"记录，但他为自己没有放弃而感到非常自豪。

关于"不放弃"的研究涉及毅力、坚毅力和韧性等术语，并且研究范围广。鉴于毅力作为预测表现的因素被研究得不够充分，安吉拉·达克沃思（Angela Duckworth）博士及其同事提出了"坚毅力"这一概念，并将其定义为追求目标时的毅力、激情和一致性。具体而言，达克沃思博士及其同事这样描述这一概念："坚毅力与尽责性中的成就方面有重叠之处，但不同之处在于前者更强调长期的耐力而非短期的强度。坚毅力强大者不仅会完成手头的任务，还会在数年时间里持续追求某一目标。"我们可以将"坚毅力"视为"坚持不懈"与"毅力不倒"的结合体。

心理学家试图用"坚毅"这一概念来解释为什么两个能力（如运动能力或智力）相当的人可能会取得不同水平的成就。例如，一个人可能具有坚毅力，这使他能够持续前进，并帮助他突破所面临的障碍，而另一个人则不具备这种坚毅力特质。达克沃思及其同事在谈到"放弃"话题时指出，那些拥有坚毅力的人无论遇到什么困难都能保持前行的动力，而那些坚毅力不足或缺失的人在遭遇挫折时会选择改变方向或彻底放弃。正因如此，坚毅力与领导力和卓越成就密切相关。

自达克沃思及其同事提出"坚毅力"这一概念以来，它一直是人们激烈争论的话题。尽管该概念在预测极富挑战性领域（如美国军事学院）中的留校率方面卓有成效，但人们对其与诸如尽责性和毅力等现有衡量标准的重叠程度存在疑问。其他学者提出，激情是理解坚毅力时被低估的一个因素，若要更准确地预测谁能够坚持做某件事，也必须将其纳入考虑范围。关于坚毅力（它是什么以及它能预测什么）的讨论最终变得相当复杂。人们对这一概念的不同解读和滥用之多，甚至导致达克沃思请求暂停有关坚毅力的讨论，直到相关问题能够得到更好的梳理。

关键的一点是，所有这些术语都鼓励你继续追求，而不是放弃。尽管这些包罗万象的术语的复杂之处仍需进一步探讨和推敲，但关键在于它们都旨在解释或描述坚持做某事的行为。就我们的目的而言，这些宽泛的考量因素无关紧要（至少是次要的），我们更关注的是你选择不放弃的原因（或者相应的标签）。换句话说，我们并不关心它被贴上的标签是坚毅力、毅力、韧性还是其他什么。虽然这些区别对于研究人员的探索很重要，但你"不放弃"的事实才是我们最重要的考虑因素。让我们回顾一下前几章中提到的一些障碍，以及它们可能如何导致某人在追求过程中选择放弃。

"我没那个本事"——社会默认观念的影响

正如我们在前面章节中提到的，弗朗西斯·高尔顿爵士对于个人表现天花板的观点极大地影响了社会对于高表现者的看法。这种观点的拥护者认为，这些表现天花板是由内在能力决定的，而这些能力只能提升到由表现者的自然禀赋所预先决定的水平。从表面上看，这种观点不无道理，因为我们每个人都有自身的局限性。这一点可被认为是坚定地站在了"先天—后天连续体"的"先天"一侧。这些观点在一个多世纪以来直接影响了社会大众的认知和行动。

因此，将这种观点归因于在某个领域放弃追求的人是合乎情理的。如果你在发展足球技能方面遇到困难，并且接受了社会主流观点，即英超球员之所以能有如此成就完全是天赋使然，那么你可能会评估自己的奋斗历程，并认定自己永远无法达到那个水平。对于那些可能对刚刚前面提到的"先天—后天连续体"被当作二元对立的说法提出异议的读者，这正是问题的关键所在！一直以来，社会默认的观念在制造一种二元对立，而且是偏向"先天"一侧。这种观念如此根深蒂固于社会大众的认知中，以至于最初有人试图强调成为顶尖表现者需要付出惊人的努力时，令人震惊。因此，如果一个在某个领域苦苦挣扎的人认定自己没有成功所需的条件并最终放弃，这是可以理解的。

"我从未得到我需要的东西"——资源匮乏的影响

对于囊中羞涩的大学生来说，汽车需要维修是件令人沮丧的事。尤其是在这辆车可能已接近报废，而它又是你离开校园的主要交通工具时，更是如此。维修工作似乎永无止境。我们相信很多人都有过这样的经历，那就是需要持续投入资源来维持某样东西的运转。如果你经济拮据，这会尤其令你感到压力巨大。这也可能是你选择放弃某项追求的原因。与其他因素相比，我们可支配的资源更难以掌控，因为我们赚取或可利用的金额差别很大。我们的追求也因领域不同而需要投入不同的时间。在这里，我们唯一能做的就是提醒你注意本书中提到的其他因素，比如拥有成长型思维和设定可实现的目标，这或许能增加你在某个领域取得成功的可能性。如果你坚持自己的追求足够长的时间，那么你很有可能会迎来转机。

显然，没有什么是绝对有保障的，但我们在书中看到了"小机会带来大机遇"的例子。这些机会可能会产生决定性的影响。我们在本章后面会讨论关于"因为已经投入了大量时间和资源而坚持过久"的问题,这一概念被称为"沉没成本谬误"。不过,我们现在要讨论的是缺乏对恰当或合适技巧的认知对选择放弃的潜在影响。

"我总是不在该在的位置"——对技巧认知缺乏的影响

"我搞不懂!"我对正在努力辅导我做数学作业的姐姐说。当时我还很小,所以作业也很简单——就是那种配有图片,看起来像涂色书里的内容一样的作业。我们正在做乘法,可我怎么也弄不懂。也许姐姐意识到目前为止所有的内容都是抽象的,于是她决定换种方式教我。她去厨房取来了锅铲、打蛋器之类的物品。她把这些物品放在我们临时拼凑的桌子上,那是一台老式的木质音响柜。她在音响柜顶上放了三样物品,问我:"音响柜上有几样东西?"我准确地回答说"有三样"。然后,她做了一件让我突然顿悟的事。她在音响柜上又放了另外三样厨房用具,问我现在有多少样东西。尽管对自己遇到的困难以及姐姐演示所花费的时间感到有些挫败,我还是带着一丝不耐烦回答说:"现在音响柜上有六样东西。"就在那时,奇迹发生了!一切都变得豁然开朗。她指出:"$2 \times 3 = 6$,这就是乘法!"然后,她又解释,她堆成的两堆物品中每堆的"三样东西"代表乘法问题中的"3",而这"两堆"则代表了"2"。然后,她抛出了点睛之笔。她指出,我们可以调换这些物品的分组方式,分成三堆,每堆两样东西($3 \times 2 = 6$)。我懂了!我从概念上理解了乘法。从长远来看,这是一种技巧,也是一种情境,它给了我一定程度的自信,让我不再惧怕数学。诚然，我本可以简单地背诵乘法表，但现在我这么小就理解了乘法的概念。这为我后来的成功奠定了基础。

在前面的章节中，我们已经讨论过，了解顶尖表现者所使用的技巧是多么重要。研究人员和教练通常会试图识别这些表现者在其成长过程中参与了哪些活动，以便提取并分享这些信息。拥有这些技术对于教练和学员来说都是非常有价值的。这些技术会经过筛选，那些能够带来表现提升的技术会被保留下来，而那些无法带来表现提升的技术则会被淘汰。

表现者在应对领域要求时也可能开发出自己的技术。然而，这通常要求表现者已经熟悉常见的技术，从而能够达到一定的表现水平。如果表现者能够识别出提升表现的技术，这种方法就会很有用，因为使用已被验证为成功的现有技术，最终可能会节省宝贵的培训时间。对既定技术的了解可以来自本节开篇提到的提取过程，也可以通过非正式渠道从表现者本人那里获得。例如，你与他们交谈，他们愿意透露自己的技术。然而，正如我们在第四章讨论的，出于竞争原因，表现者并非总是愿意分享自己的技术。也有可能，这些看似随意的交流实际上是在故意干扰你的发展。再次强调，这会给他们带来竞争优势。

然而，对提升技术的认识至关重要。很少有人能够在没有任何相关基础知识的情况下取得进步。即使是我之前提到的在资源有限的情况下学习打网球的例子：尽管我们资源有限，只能在公园里用一把被丢弃的、过时的网球拍练习，但我们还是通过"展示标准网球技术动作"的海报来辅助练习。我和朋友只能"摸着石头过河"，从来都不确定自己是否做得正确，但我们确实有一张配有说明且展示了正确姿势的图片。最重要的是，如果你对某一领域所需的技巧的了解有限或根本不了解，那么你更有可能放弃。

"我没登上12的高峰,但至少站在了11的台阶上"——坚持目标对"不放弃"的潜在影响

目标的设定与我们最终是否放弃往往是紧密相连的。一方面,如果我们完成了一个目标,我们就会感到满足,很可能会继续下一个目标。另一方面,如果我们未能完成目标,我们可能会陷入一种消极的心态,觉得放弃是唯一的出路。我们将在第九章广泛讨论目标设定的过程和益处。第九章的讨论包括反馈在评估目标进展中的重要性、目标的不同类型以及关于目标设定的益处。在本章中,我们将探讨目标设定这一概念,特别是它长期以来如何被应用和实践的。

我们可以尝试的防止放弃追求的方法之一就是创建一个个小目标,逐步实现更大的目标和获得最终的结果。埃德温·洛克(Edwin Locke)博士和加里·莱瑟姆(Gary Latham)是目标设定理论的先驱,他们将目标定义为我们有意识地努力去做的事情,并花费了数十年时间研究目标和目标设定对表现的影响。你几乎不间断地设定目标,即使你没有意识到,刷牙、做三明治当午餐、停下来加油,这些都是目标。我们通常意识不到这些目标,因为它们通常可以在短时间内实现。你可能只有在出问题的时候才会把它们当作目标。例如,你在假期用完了牙膏,又找不到商店,或者你因为燃油耗尽而无法到达你原本预计能够到达的地方。这可不是闹着玩的!

突然之间,这些原本简单的任务被视作"目标",因为你现在必须想办法在绕过意想不到的障碍的同时实现这些目标。诚然,在我们提及自己的目标时,大多数人通常谈论的是不同类型的目标,但认识到"目标"这一术语的广泛含义是很重

要的。现在,让我们来考虑一下传统意义上的目标,以及目标设定如何帮助我们坚持追求目标。一种有效的途径在于,目标常常能够极大地激发我们的积极性,尤其是在我们朝着一个更大的目标(有时也是最终结果)努力的过程中,成功地完成沿途的一些小步骤(即阶段性目标)时。然而,目标需要具备一些特征,才能增加它们提升我们表现的可能性。目标应当具体明确、具有一定难度但又切实可行,并且要有明确的期限。例如,贾马尔(Jamal)每周至少撰写20页论文,持续11个月,或者金伯利(Kimberly)每月增加1英里(1英里≈1609.34米)的跑步路程,直到她能够完成马拉松所需的26.2英里(42.195公里)。再次强调,我们在第九章中会更深入地探讨目标设定的过程。目前,我们只想提到,当我们最终实现一个目标时,那种成就感是非常令人愉悦的!

这种成就感可以成为我们继续追求目标的动力,我们很可能会继续创建目标并努力实现更多的未来目标。

"顾得了这个,就顾不了那个"——目标之间互相竞争的影响

想当年,我站在舞台上,心里想着:"全场起立鼓掌。哇哦!也许我真的有做脱口秀的天赋。"我很兴奋。当天晚上,作为压轴表演的喜剧演员在我表演结束后问我是否有兴趣做一名全职脱口秀演员。她提出可以把我介绍给她的经纪团队。不用说,我受宠若惊。喜剧事业一直是我的梦想所在。在我整个童年,我都热衷于逗我的朋友和同学笑,而且我在这方面还挺在行的。在六年级时,大家争论谁是最搞笑的同学,最终由同学们投票决定。我排名第二。虽然不是第一名,但我很开心。

毕竟我的同学们把票投给了我。十多年后，我才尝试将这种博人一笑的爱好转化为舞台上的脱口秀艺术，在用卡拉OK机反复练习几个月之后，我终于在观众面前首次亮相了。一位后来成为美国全国广播公司（NBC）《周六夜现场》（*Saturday Night Live*）编剧的喜剧同行把我拉到一边告诉我，我的段子写得很好，并鼓励我坚持下去。在我终于接到一份脱口秀工作的聘书，同时又有机会接触经纪团队时，我却拒绝了。

你可能觉得上文中的故事结局令人费解。我为什么要拒绝这样的机会？我很难抗拒诱惑不去考虑接受这份聘书的潜在好处，即最终可以在大型体育馆的舞台上表演，还能出演电影。然而，我当时距离获得博士学位只有几年时间了，而且已经在严格的学术项目中投入了大量时间。这意味着我需要辗转多个州重新安置生活，仅靠研究生的微薄津贴以及我妻子的稳定工作来勉强度日。我倾向于把我的时间和精力用于攻读我的博士学位，至少这样，我有可能在几年后获得一份稳定的收入。此外，我已经为攻读博士学位做出了巨大的投资。除此之外，巡演的喜剧演员必须长途跋涉到演出地点，而且可能只在舞台上表演一个小时或更短的时间。这显然需要长时间离家在外。最后，我无意中听到一位在娱乐行业有一定知名度的压轴演员还在为支付生活费用而寻求额外的演出机会，这让我更加坚定了拒绝这份聘书的决心。

这个例子似乎与本书传达的信息背道而驰。具体来说，如果我过去想成为一名脱口秀演员，为什么我现在没有抓住这个机会呢？简单的解释是，在我接到成为职业脱口秀演员的聘书时，我已经朝着另一个目标迈出了一大步。我当时正在全力攻读博士学位，深知自己无法同时追求这两个目标。如果非要在两者之间做出选择，我觉得如果先完成博士课程，我或许更有机会在学术和喜剧这两个领域都取得进展。

这种目标之间相互竞争的情况，说明了在我们实现目标的过程中冲突是如何产生的。研究人员发现了两种与当前讨论相关的冲突类型：内在冲突和资源冲突。在设定目标时，我们为之努力的目标通常不止一个。当我们在实现一个目标的过程中取得进展时，这种进展可能会增加实现另一个目标的难度，这种情况下就会出现内在冲突。有些事情由于其本质属性而无法同时发生。可以想想"非黑即白"这个说法。某件事物不可能同时既是黑色又是白色，某个人也不可能既是班级里的搞笑大王又是沉默寡言的人。然而，资源冲突则是由于实现特定目标的资源有限而产生的。任何目标的实现如果消耗了可用资源，都会减少实现其他目标的可用资源。为赶赴脱口秀演出而奔波在路上所耗费的时间会减少可用于成功完成博士课程的时间，甚至减少与家人共度时光的时间。如何解决这些目标冲突呢？

"我不再涉足那些事了"——化解目标冲突

伊恩（Ian）从小就梦想着能在足球的顶尖联赛——英超联赛中驰骋。他从幼年时期就开始接受专业训练和培养，此外，他在成长过程中面对早期的竞争对手时，在球场上展现了极为出色的竞技状态。遗憾的是，伊恩并没有长到他期望的身高。当其他球员经历生长高峰期，或者增加体重以匹配新增的身高时，他的身材却基本保持不变。伊恩球技精湛，足以让他继续进步，尽管随着其他球员变得更高大、更强壮，他逐渐处于劣势。然而，他意识到，自己很难再突破目前所处的段位。伊恩目睹了那些曾经在他手下吃过败仗的球员，如今已经凭借身体优势成为他们所在段位中的主导力量，并最终实现了晋升。他不想彻底放弃足球，于是利用自己的人脉获得了一份与一位受人尊敬的主教练一起工作的教练职位。

伊恩从顶级球员转变为教练的例子，体现了一种被称为"目标追求的适应性调整"的概念。那些继续沿着原路前行的球员无疑面临着越来越多的进步要求，因为他们需要继续前行。在追求目标的过程中，成功地应对和驾驭这种不断增加的要求可以被称为"目标追求中的同化"。学者们认为这些是我们在目标追求中表现出的倾向，要么是适应倾向，要么是同化倾向。具有同化倾向的人，会试图改变环境以符合自己的目标。一般来说，我们会尽可能坚持最初的计划或目标，并在遇到新的要求时将其消化吸收（同化）。例如，在面对速度更快的竞争对手时，我们会专注于提高自己的整体速度或反应时间。医学预科生在遇到难度较大的课程时，可能会开发新的学习策略，或者为特别难的课程（比如有机化学）腾出更多的时间。他们还可能寻找其他方法来增加实现目标的机会，如寻找机会参与影响力大的实践活动，进一步磨炼自己的技能，或者与能够提供辅导或有益见解的教师建立联系。

转而选择另一个目标则代表着适应倾向。在我们确定最初的目标对我们来说并不现实，或者我们不再愿意投入精力去追求它时，这种情况就会出现。伊恩放弃了成为英超球员的目标，转而将资源投入到成为一名教练上。原本打算学医的学生可以放弃上医学院的目标，转而选择一个类似但更符合自己兴趣的专业。更极端的转折是放弃与原目标相关的任何追求。完全离开足球和学术领域，成为一家大型手机公司的客户服务代表，就是极端转型的一个例子。难怪约亨·布兰德斯塔特（Jochen Brandstätter）认为这种适应性调整过程会引发迷茫和抑郁情绪。据推测，当新调整后的目标尽可能接近原始目标时，其带来的干扰会最小。伊恩选择当教练而非球员，凯文能够在讲座中加入幽默元素而非成为脱口秀演员。

然而，决定改变方向或放弃目标往往是一个漫长的过程，会随着时间的推移而逐渐展开。关于这一过程的学术研究是由前文提到的研究者约亨·布兰德斯塔特主导的。在朝着目标努力的过程中，我们常常会遭遇行动危机。行动危机可以理解为这样一种情况：你为自己的目标投入了大量的精力和资源，却遭遇了持续的或重大的挫折。我们可能会从乐观转为悲观，与目标相关的疑虑增加，而心理和生理上的幸福感则会下降。这种冲突源于我们已经投入了足够的资源，以至于不想因放弃而承受损失，但又不确定或不愿意继续为目标投入更多资源。这种情境可能会促使我们重新评估目标的价值，要么降低对目标的期望，要么去判断实现目标是否仍具有现实的可行性。

"没问题，我能搞定！"——假装自己行，直到真的行

我的继父决定教我驾驶手动挡汽车，这通常需要一些练习才能熟练掌握。我开始对这个过程感到有点沮丧。就在这段时间，他正在粉刷一个储物棚，并把一架折叠梯放在了他的皮卡车后斗里，以便够到屋顶尖端下方的墙壁（免责声明：请勿亲自尝试此场景中描述的任何事情）。这已经够不同寻常的了，但他还让我绕着储物棚开车，而他则站在后斗的梯子上。我真心希望他只是想逗我一乐，心想这种事情怎么可能真的发生呢。我那时还达不到熟练驾驶，离合器松得不平稳，车会猛地一抖，那肯定不会有好结果。我担心会发生最坏的情况，于是强烈反对，但最后还是坐到了驾驶座上，准备开动皮卡，而我

的继父就站在后斗的梯子上。"我相信你。"他说。令人惊讶的是,我松开离合器时毫无问题,我既惊讶又松了一口气。从那天起,我就能驾驶手动挡汽车了。

"假装自己行,直到真的行",我们可能都听过这句话。如果我们对即将到来的情况心存疑虑,或者还没有准备好去做某件事,这是一条相当常见的建议。但是,它到底是什么意思呢?我们向受访的那些高表现者请教,以便帮助我们揭开他们对这句话的理解。从访谈中我们发现了三个主题:①突破自己的舒适区;②让自己或受训者在某个领域或情境中停留足够长的时间,以便获得自信心;③"装模作样"或"假装自己行"带有贬义色彩。

第一个主题针对那些要求你去做某件新事物或略高于你当前水平的事情的情境。电影和电子游戏动画师托马斯·埃斯特拉达通过一个例子阐释了这一主题。他曾应邀为传奇乐队"Foo Fighters"创作一件艺术作品:

> 我得到了一次与 Foo Fighters 合作的机会,他们要求我将正在制作的艺术作品以一种我完全陌生的特定格式呈现,从而满足他们的制作需求。当时,我毫不犹豫地回答道:"当然没问题。"然而,放下电话后,我愣住了,心想:"这到底是什么意思呢?"我匆忙地把要求记了下来,然后陷入沉思:"我该如何做到呢?"我对此一无所知。但我又想:"我不会让这个难题把我难住的。"幸运的是,我们生活在信息时代,我可以随时上网查找资料。要知道,我不知道这种"边学边做"的情况有没有尽头。总有这样的时刻,任务突然降临,你只能对自己说:"好吧,我得自己琢磨出办法来。"你知道吗?

霍布纳尔徒步旅行公司（Hobnail Trekking Co.）的联合创始人马克·约翰逊（Mark Johnson）也分享了一个类似的例子，他将自己的歌曲创作经验与在农场的成长经历结合起来，为申请全国性农业杂志的工作面试制作了一份写作样本。这些例子表明，尽管我们最初可能会对新情况或未知因素感到不自在，但成功地完成任务可以减轻或消除"假装自己行"的感觉。

第二个主题是让自己或受训者在一个领域待足够长的时间，以获得自信或减少自我怀疑。通常，在我们接受一个新职位、开始一项新运动或进行首次表演时，我们未必能自信地"知道"自己的做法是否正确。关键是不要让这种缺乏自信的情绪影响我们，因为投入时间去提升自己是真正擅长某件事的关键。顶尖表现研究专家乔·贝克（Joe Baker）指出："能力源自参与。"这些早期阶段可以被视为将我们学到的知识应用到新情境中的过程。本质上，我们是在假装自己行（凭借我们之前所学），直到真的行（在实践中逐渐建立起对自身能力的自信）。

从根本上说，这是一种在工作初期坚持不懈的方式。我们正在实时摸索适合自己的方法，即"假装自己行，直到真的行"。我们或许清楚自己想要实现的目标，但前方的路还很长。你是否选择投入时间或者是否决定长期不放弃追求，都取决于这些最初的体验。乔·贝克补充说："他们第二天还愿意回归并继续参与，因为他们热爱自己正在做的事。他们享受自己正在做的事，因为如果他们能做到这一点，那么，你就可能已经帮助他们跨越了能力的门槛。'假装自己行，直到真的行'这一概念听起来也属于同一种情形。你之所以假装自己行，是因为这能让你回归并继续参与。而这种回归的行为，最终让你真正取得成功。从某种意义上说，这正是刻意练习的生动体现。"

第三个主题是"装模作样"或"假装自己行"带有贬义色彩。例如，嘻哈艺人布莱恩·布朗（Brian Brown）捕捉到了这种情绪：

> 你可以尝试去做某件事，或者让它看起来像那么回事。但问题是：你为什么要这么做呢？为什么不选择真实呈现，好让别人清楚他们面对的究竟是什么呢？如果你只是在"假装自己行"，那些试图追随你脚步的人，或者处于同一领域的人，可能根本无法确切地知道他们即将面对的是什么。

他补充道："在我看来，这就是撒谎，而我不喜欢撒谎。我没有理由去伪装任何事情。"

在面临可能导致放弃的挑战时，我们鼓励你听从这一中肯的建议。你在遇到新任务或新机会时，可能会产生自我怀疑或觉得自己不够格的想法。这些想法会让你体验到一些不愉快的感受或情绪（参见第八章）。抛开这些念头与感受，抑或坚守至你意识到自身潜力的时刻，才是至关重要的。一旦我们取得了一些小成功，自我怀疑的感觉应当会逐渐减弱。正如我们在第三章（冒名顶替综合征）中讨论的那样，我们很多人都容易陷入自我怀疑。然而，倘若诺贝尔奖得主也会遭遇如此境遇，那么任何人都可能在任何阶段经历这一切。这可不是你停止奋斗的信号。

"43年磨一剑：我的高光时刻"

在任何一个领域，想要变得出色，大家都需要付出大量努力和投入大量资源。最起码，你得投入自己的时间。有些人很快就会退出某个领域，而另一些人则会长期坚守。在任何领域，人们通往成功的路上都会遇到激烈的竞争和遭遇无数的拒绝（参见第七章）。在某一领域追求成功所付出的投入以及所积累的经历，会让我们产生一种难以放弃的感觉，因为我们不想让已经付出的努力和经历过的种种艰辛，到头来都白费。我们分享的众多故事展示了人们如何克服所面临的障碍以取得成功的历程。我们着重讲述了各种各样的人如何取得非凡成就的经历——世界巡演、成功创业以及获得很高的学术成就。那么，你最喜爱的教授们呢？他们很可能不是第一次尝试就获得了这份工作。相反，他们很可能在不同的学校参加了多次面试后才找到了这份工作。你差1学分就大学毕业了却中途退学，你还没有给自己的企业发展壮大的时间就放弃了，这些都是不明智的做法。然而，正如我们讨论的那样，当事情没有按计划进行时，我们有时必须对自己的目标做出一些调整。

　　有时，这种适应性调整正是我们需要的。伊恩尽管不能再踢足球了，但仍然能够当足球教练。所以，我们可以从另一个角度来思考"放弃"这个词。尽管"放弃"常常被贴上负面标签，但它可能会带来一种积极的结果，即使这并非我们最初所预料的。如果我们真正意识到某件事不适合自己，就应该考虑从中抽离出来，寻找新的机会。例如，如果你在一份工作中感到痛苦，却仍然坚持下去，这对健康并无益处。虽然我们可能放弃了某个具体目标的实现方式，但同时我们也有能力决定去设定一个新的目标。这种适应倾向让我们能够退一步，重新规划一条新的道路。最终，我们应当尽可能地对自己的决策感到满意。

　　在我们投入时间和资源时，前面提到的冲突会随着目标的改变而产生。这可能会导致我们有时会为实现某一目标而过度投入时间和资源,因为我们希望自己的付出能有所回报。学者们将这种现象称为"沉没成本谬误"。我们经常觉得有必要收回投资,尽管这一决定可能会对我们产生负面影响。例如,如果你将毕生积蓄投入一家濒临倒闭的企业,你可能会试图让它继续经营下去,而根据客观标准,它早应关门大吉了。但你希望你最终能收回投资,对吧?需要明确的是,我们鼓励你在艰难时期坚持自己的计划。这可以被视为投资过程的一部分。然而,牺牲自身的健康和福祉是不值得的,每个人需要自行判断何时到了不可接受的临界点。

我们倾向于这样思考,这是合情合理的。如果你花了数年甚至数十年去追求某件事情,突然放弃会是一种很奇怪的体验。我们常常看到这样的例子:有些人在某个目标上坚持了"恰到好处的时间",最终收获成功。尽管有这些成功案例,仍有人深陷于"差一点就成功"的循环困境之中。霍布纳尔徒步旅行公司的马克·约翰逊就描述过这样一种经历:

> 我当时正顺风顺水。我在纳什维尔与大牌制作人和出版公司合作,所以,在我重新录制最后一张专辑时,所有与我合作的人都认为这会成为让我获得主流唱片公司合约的契机。而我的事业也将由此迈向新的高度。但事与愿违,这让我极度失望,以至于我对自己说:"你知道吗?你受够了音乐行业。你已倾尽全力,却还是被彻底击垮了。"

马克不得不决定是继续坚持自己想成为唱片公司签约艺人的初衷,还是另寻出路。最终他决定放弃:"要么我就停下来做点别的事，要么我就会在变成60岁的老家伙时还在俱乐部里演奏《棕眼女孩》(*Brown Eyed Girl*)和《玛格丽特维尔》(*Margaritaville*)，我不想那样。我不想成为那样的人。所以，我放弃了。"需要提醒的是，他现在是一位成功的企业家。

本章总结

在本章中，我们讨论了"不放弃"的重要性，以及用于描述长期坚持目标的各种术语。我们还重新审视了社会对高表现者根深蒂固的默认观念、资源获取的途径以及设定目标的行为是如何影响我们是否放弃的态度。我们讨论了"假装自己行，直到真的行"的概念，并分享了我们在询问高表现者对这一概念的理解时发现的主题：①突破自己的舒适区；②让自己或受训者在某个领域或情境中停留足够长的时间，以便获得自信心；③"装模作样"或"假装自己行"带有贬义色彩。最后，我们考虑了在某些情况下，即使已经投入了大量资源，放弃某个追求可能反而更健康。

📝 练习：继续奋力前行！

本练习旨在帮助你识别那些在关键时刻可能让你"打退堂鼓"的想法，以便在你不可避免地想要放弃时，能帮你顺利渡过难关。练习的第1题要求你写下一些在你产生放弃念头之前曾经取得成功的经历。第2题则要求你找出一些在你内心的声音开始怂恿你放弃时可以用来激励自己的话语。

1. 你在达到可能想要放弃的阶段之前，已经做成了许多事情。请至少列举3个例子，说明在你产生想要放弃的念头之前，曾经做过哪些出色的事情。

_____

_____

_____

2. 想出至少一句短语，用它来取代那些开始浮现的想要放弃的念头。

_____

_____

_____

> ⚠️ **提示**
> 秉持透明的原则，也有不少研究试图将顶尖表现者的卓越能力归因于后天培养的因素。在这一领域，包括我们自己在内的大多数学者都主张，我们应该超越这类比较，转而致力于探究世界上最卓越的表现者取得今日成就的微妙因素。

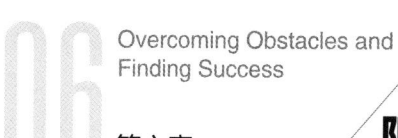

06 第六章 Overcoming Obstacles and Finding Success

限制你的目标范围：
像孩子一样思考

从未有人提醒我要设定一个"现实点"的目标，也从未有人对我设限。

——劳伦·雷古拉（Lauren Regula）
奥运选手兼职业运动员
［参见《精炼之路》（*The Path Distilled*）播客］

请为你的人生描绘一个最宏伟、最崇高的愿景，因为你最终会成为你所相信的样子。

——奥普拉·温弗瑞（Oprah Winfrey）

乔希（Josh）对开创自己的服装品牌很感兴趣，该品牌将推出原创设计以打入竞争激烈的服装市场。他开始筹集资金、采购材料、设计服装，并寻找制造商。在经过一番主动出击、精心策划和辛勤工作后，乔希设计的衣服终于上市了，最关键的是，乔希当时才14岁。在这个过程中，有很多人劝他不要继续自己的计划，或者等他长大些再说。但乔希显然没有听进去。

开篇的小故事取材于一个真实事件。在这一章中，我们将探讨限制自己的目标范围（或给自己设定过低目标）这一障碍，以及像孩子一样思考的力量。这并不意味着人们应该轻率地追随脑海中闪过的任何念头，但通常，让我们降低目标的声音往往来自我们自己的内心。我们常常劝阻身边的人不要在决定自己想要达成的目标时想得过于宏大。诸如"海市蜃楼"之类的说法常被用来形容野心勃勃的追求，而这些追求本身又常被斥为孩子般的天真幻想。然而，往往是那些从未放弃这些宏大目标的人最终实现了他们的梦想。由于我们在这一章中既讨论了自我设限，也讨论了目标设定，所以在深入探讨之前，让我们花点时间明确一下本章的目的，并将其与第四章"人为天花板"和第九章"目标不清晰"的目的区分开来，因为这两章都着重于目标设定的讨论。

我们可以将各章节内容的区别最直接地理解为：第四章侧重于探讨对"人为天花板"的认知如何影响个人对自身局限性的看法以及是否应该去追求某个目标。虽然第四章与本章有部分内容重叠，但本章的重点在于，一旦踏上某条道路，就不要把目标定得太低。例如，杰森（Jason）是一名裁缝。第四章的观点可能是，杰森觉得自己永远无法把缝纫技术练到足以成为当地高中戏剧的服装设计师（这是人为天花板）。而本章的观点是，杰森不应对自己的缝纫技术设置上限，可以合理地考虑追求大多数人认为不切实际的目标，即成为好莱坞的服装设计师或创立自己的服装品牌。最后，第九章强调，除了远大的抱负和设计出色服装的能力，杰森还需要一份通往成功的路线图。

第六章　限制你的目标范围：像孩子一样思考

我们常常会限制自己终极目标的范围，这并不令人意外。造成这种情况的原因有很多，从个人在追求成就上的差异（见第二章）到对有远大目标者的嘲笑。正如前面章节提到的，社会观念、固定思维模式以及对如何实现目标缺乏了解，也是限制因素。此外，我们将在下面的章节中讨论伴随"雄心壮志"这一概念而来的负面标签和误解。在人类历史上，人们对"雄心壮志"的看法大相径庭，而人们对它的轻视程度也令人惊讶。本章还将探讨我们如何通过与他人比较来衡量自己的地位，以及忽视那些我们认为低于当前地位的机会所带来的风险。

"自我膨胀"（以及我那支离破碎的自尊）

我的一位研究生同学蒙特（Monte）分享了一个故事，他说自己是在农场长大的。他整个童年都在农场里帮家里干活，对这份差事没什么特别的感情。不过，蒙特还是觉得应该去附近的佛罗里达州立大学试一试，为将来从事不同的工作做准备。他提交了申请，然后耐心地等待着，说不定哪一天就会收到录取通知书。终于有一天，通知书来了！蒙特被录取了！当他沿着长长的砾石车道往家走时，心里盘算着："先跟父母说，接下来要告诉谁呢？"就在这时，一位邻居驾车经过，看到蒙特后放慢了车速，停了下来，想和他寒暄几句。蒙特当机立断，一边举着通知书一边说："我刚被佛罗里达州立大学录取了。"而邻居的回答让他一时语塞："我还以为你是个好孩子呢！"

美国东南部地区的文化中存在着阻碍人们分享崇高目标的东西。这种情况在其他地方可能也存在，但我对这个地区的情况最为熟悉。尽管"自我膨胀"这个短语有时也用来指某人（通常是孩子）行为不当，但在那个特定地区，当有人分享的抱负显得过于宏伟且超出他人的期望时，人们也常常用这个词来形容。如果一个人真的取得了成功，这种说法与贬义短语"忘了自己的出身"有着相似的含义。这些例子表明，并非所有人都希望别人成功。难道说，目睹他人取得巨大的成就，甚至仅仅是表达出这样的抱负，就会对某些旁观者的自尊心构成威胁吗？

世界知名学者罗伊·鲍迈斯特（Roy Baumeister）及其同事们投入了大量时间研究这个问题的一个版本，从根本上探究"低自尊"会带来什么后果，更广泛地说，他们要探究当一个人的自尊受到威胁时会发生什么？他们的研究或许可以解释为什么不是每个人都真心希望你成功。在一项广泛的研究综述中，学者们反驳了"低自尊是暴力行为的主要原因"这一观点。他们认为，对个人积极自我认知的威胁更可能是引发暴力和攻击行为的根源。这种解释在人际交往层面上具有直观的意义，并且可能可以解释在接下来的章节中描述的"自尊"与"雄心壮志"之间脆弱且往往被视作负面的关系。

在一项后续的实验室测试中，研究人员对"暴力和攻击行为可能源于对个人积极自我认知（自恋）的威胁"这一观点进行了验证。他们通过提供虚假的正面或负面反馈来操纵参与者对自己所写文章的评价，从而提升或削弱他们的自恋水平。结果显示，与受到正面反馈的受试者相比，受到侮辱性反馈的受试者随后对他们认为是反馈来源的人表现出更强的攻击性，即用更高分贝且持续时间更长的刺耳的噪声来攻击对方。因此，不难想象，如果一个人观察到他人表现出色，尤其是取得了观察者自己可能努力追求却未能取得的成就，就会对观察者的自尊构成威胁。那些表现特别出色且积累了一连串成就的人，可能会威胁到许多人的自尊。

从更广泛的角度来看，"雄心壮志"在历史上常常被轻视。例如，蒂莫西·A.贾奇（Timothy A. Judge）和约翰·D.卡迈尔－米勒（John D. Kammeyer-Mueller）这两位学者的研究领域处于商业与心理学的交叉地带，他们对"雄心壮志"这一概念在历史上的认知变迁进行了简要的梳理。他们的分析表明，"雄心壮志"在历史上一直被视作一种负面特质。或许是因为太天真，我们竟然对这种负面含义感到颇为意外。毕竟，这是一本鼓励人们突破自我限制的书！尽管如此，他们在工作中收集到的一些评论表明，至少在哲学家眼中，"雄心壮志通常可能被视为一种恶习"。不过，贾奇和卡迈尔－米勒试图将"雄心壮志"的作用与成就动机对成功的影响区分开来。这两位学者认为，很多争议都源于对这些术语缺乏明确的定义。

简而言之，他们在评估后认为，"雄心壮志"是人生中对成功的普遍渴望，这与成就动机不同，后者是一种无论外部奖励如何都想在某事上表现出色的愿望。此前关于成就动机和"雄心壮志"之间区别的许多研究都表明，与"雄心壮志"相比，成就动机更有可能带来满足感，这大概是因为成就动机是渴望在某方面表现出色，而不考虑我们的努力会带来什么。然而，研究人员发现，区分这两者的必要性可能不像最初提出的那么强烈，因为更大的"雄心壮志"会在教育和工作上带来更大的成功，而这些成就似乎又提升了整体的生活满意度。

发现这一区分被如此坚决地确立，并且成为延续了数个世纪的争论焦点，这无疑令人感到震惊。毕竟，过度或不切实际的"雄心壮志"被归类为心理健康障碍的范畴，这在情理之中。然而，我们在讨论中将赋予"雄心壮志"一个积极的含义，即摆脱那些历史积弊的包袱。对我们而言，"雄心壮志"意味着在决定可能实现的目标时，不要限制自己的目标范围。无论是心怀梦想的作家表示希望创作一本畅销书，还是志向远大的棒球运动员表示渴望进入大联盟，他们都不应感到羞愧，尤其是当他们愿意付诸行动并朝着这些目标迈进时。正如奥运选手兼职业运动员劳伦·雷古拉在本章开篇中指出的那样，她从未被人设限，而她最终也因此受益。值得注意的是，她的哥哥杰森·贝（Jason Bay）曾是一名职业棒球运动员。在一个小镇上，兄妹俩都能达到各自领域的巅峰，尤其是在体育领域，这是很不寻常的。因此，出于我们的目的，我们将不再刻意区分"渴望在某事上做到最好"与"渴望做到最好而获得的结果"之间的差异。

梦想上天摘星和脚踏实地做事——反事实思维的作用

当你站在领奖台上，他们把铜牌挂在你的脖子上时，自豪感油然而生。虽然你没有获得金牌或银牌，但你确实赢得了奖牌，更别提你战胜了众多对手才走到这一步。这是你人生中最大的成就之一。你环顾四周，渴望将这一刻的每一个细节都深深刻在记忆里。金牌得主似乎也沉浸于这荣耀的瞬间，脸上洋溢着与你一样自豪的神情。然而，当你将目光越过金牌得主时，你看到了令人意外的一幕：银牌得主几乎陷入了无法自拔的沮丧之中。他并没有像预期那样庆祝胜利并享受这一刻，而是被深深的情绪困扰笼罩。

这种看似悖论的情境曾是多项研究探讨的主题，这些研究发现铜牌得主通常比银牌得主对自己的名次更满意。原因何在？这源于他们的参照框架。银牌得主往往觉得自己只差一点就能夺冠，"第二名只不过是首个落败者"。而铜牌得主则将自己视为最后一位跻身领奖台的选手。重申一遍，银牌得主（第二名）战胜的对手数量多于铜牌得主（第三名），但他们的情绪却相对低落。

这个例子引出了一个问题：人们通常如何将自己与他人进行比较以确定自己的地位，并衡量自己在实现目标方面可能取得的进展？大量证据表明，我们倾向于将自己与地位更高的人进行比较，也就是"向上比较"。这种现象是可以理解的，因为大多数人（或许除了你那个不思进取的表亲以及类似的得过且过者）都渴望在实现目标的过程中迈向更高的位置。正是因为我们渴望在所谓的"成功阶梯"上不断向上攀登，这种比较才让我们得以清晰地判断自己目前在他人之中的相对位置。然而，这一领域关于向上比较和向下比较的研究极为广泛，而比较的方向则取决于多种因素。

让我们在这一广泛的研究领域中探讨一些与之相关的有限因素。我们已经讨论了第二名与第三名对于比较方向的影响。另一个决定一个人是进行向上比较还是向下比较的因素是他们在某一特定领域所处的层级，即上层、中层、下层。例如，我们通常倾向于避免在任何事情上垫底，这种现象被称为"末位厌恶"。就像奖牌得主的例子一样，这种心理现象并不总是符合逻辑。例如，在美国国家橄榄球联盟（简称NFL，一个职业美式足球联盟）的年度选秀中，最后一位被选中的球员总会受到特别关注，并被戏称为"无关紧要先生"。然而，市场上还有成千上万的自由球员或未签约的新秀，他们做梦都希望能被选中，哪怕在选秀中排最后一位。

由此看来，似乎任何类型的基准都可以成为划分的节点，从而影响我们选择比较的对象。可以推测，这种比较机制在各个层级内部也会发挥作用。例如，当我们反思自己处于上层、中层还是下层时，往往会问自己："我属于哪一层？"许多人会努力在各自所处的层级中攀至顶峰，让更高一个层级始终在可触及的范围内。而那些已经处于上层的人，则会努力成为所有竞争者中的佼佼者。然而，如前所述，比较的方式在很大程度上受到心理因素的影响。因此，与"末位厌恶"背后的理念相一致，处于某一层级底部的人可能会选择向下比较。比如，排名第95位的表现者会向排名第96~100位的人看齐。同样，即使是那些通常对表现毫不在意的人，也可能会全力以赴去避免垫底，这就是前面提到的"末位厌恶"。

这种向下比较也可能是一种缓冲机制，能够减轻因表现相对较差而对某人自尊心造成的打击。人们可以通过将自己与那些表现更差的人进行比较来说服自己，这就是"至少我不是最差的那个人"的自我安慰策略。好消息是，这种比较可以减少对自尊心的打击。不过，请记住，成功是一个相对的概念，斩获亚军的选手在所有参赛者中只输给了一位对手，但正如我们讨论的那样，他们有时竟会觉得自己比季军更缺乏成功的满足感。

成功具有相对性，这一点在我与凯蒂·科尔的一次对话中表现得淋漓尽致。凯蒂是贯穿全书的人物，她是一位成功的创作型歌手，也是传奇摇滚乐队碎南瓜乐队的巡演成员。我提到，我创建并共同主持的播客《精炼之路》当时已经覆盖了66个国家的听众。凯蒂曾作为嘉宾参与过这个播客，我本想让她知道我们的影响力很大。凯蒂的回答大致是"不要因为影响力而气馁"。我起初有些不解，但很快就意识到，她跟随一支有史以来最知名的乐队在世界各地巡演。不仅如此，他们通过在线流媒体服务和销售的影响力覆盖了世界所有国家,大约是《精炼之路》播客的3倍。她的真诚且富有支持性的评论是基于她在音乐行业顶尖层级的经历。这个故事传达的信息是,尽管我们的播客的影响力值得庆祝,但我们仍需努力让听众遍布剩余的国家。成功并非孤立存在。在我们如何看待自己的成功以及他人如何看待我们的问题上,无数因素在起作用。不可避免的是,有些人会因我们的成功而感到威胁,而另一些人则不会。同样,有些人会支持我们的成功,有些人则可能会积极地试图加以阻挠。

归根结底,无论他人是否支持,过度关注他人都会适得其反。最好的方法是专注于眼前的事务,也就是你必须完成以实现目标的事情。录音艺术家史蒂芬妮·奎尔(Stephanie Quayle)在《精炼之路》播客中也分享了这种观点,这是一个非常贴切的比喻:

> 我至今仍清晰地记得那次马拉松,当时跑到19英里(1英里≈1.61公里),全程是26.2英里。这段记忆如此深刻,是因为在那一刻,我的脑海中突然冒出一个念头:"要不我就直接放弃算了!没人会真的知道我有没有跑完全程。"在那一刻,各种念头在脑海中翻涌,我试图说服自己放弃也没关系。我记得自己逐渐放慢了速度。我先是向右看了看,接着又转向左边。我没有快速转动脖子,而是慢慢地左右扫视,这一动作让我分了心,不自觉地放慢了脚步,因为我开始关注起那些从我身边经过的人。

这种情况也可能成为集体贬低现象的一个促成因素,因为在你的个人社交环境中,每当有人取得令人印象深刻的成就时，另一个人就可能在成就的层级结构中被降级。例如，贾马尔在年度销售业绩上超过了你，或者你在当地乒乓球排名中失去了榜首位置。这可能会导致一些"竞争对手"暗自盼望你失败。在极端情况下，竞争对手可能会不择手段地破坏你的表现。这些例子体现了人们贬低甚至损害其他表现者地位的意图。

然而，这种让你感到羞耻的强迫行为可能甚至不被那些试图让你感到羞耻的人察觉。人类真的很擅长维持积极的自我形象，即便证据并不支持这种自恋。例如："我可爱、风趣、有魅力、健壮、迷人、很健谈。"这样的例子还有很多，我就不一一列举了。新谷悠（Yu Niiya）及其同事进行的一项巧妙的研究表明，在积极的自我形象与对我们来说重要的事情相关联时，我们似乎更倾向于保持这种积极的自我形象。他们的惊人发现表明，那些持有成长型思维且在某个领域投入了个人精力的人，会采取一些行为来减少失败时的自我责备。例如，在遇到非常困难的问题时，那些认为学业表现对其自我价值至关重要的参与者，更有可能通过故意选择标有"高度干扰"的音乐来自我设障，或者干脆放弃练习机会。这样的选择为他们提供了将糟糕的表现归咎于干扰性的音乐或缺乏练习的机会。这些令人意外的发现（即那些持有成长型思维的人在面对与其个人密切相关且难度较大的任务时，会急切地保护自己的自尊）彻底改变了学者们对固定型思维模式与成长型思维模式差异的传统认知。

如果将新谷悠及其同事的研究结果纳入高表现领域来考虑，你就会发现其中的道理。如果一个人身处竞争激烈的环境中，那么投入大量资源是意料之中的事。而随着个人在竞争环境中不断晋升，竞争的激烈程度只会与日俱增。在竞争激烈的层级中一路攀升是极其艰难的。冒名顶替综合征（第三章）和自我怀疑是真实存在的心理现象。一个人必须适应必要的工作强度（第一章）和习惯反复被拒绝（第七章），同时还要留出休息时间或恢复时间（第十一章），并在事情没有按计划进行时原谅自己（第十二章）。因此，当我们在某个领域投入巨大，而某项任务被视为在该领域成功的关键一步时，即使是有健康的成长型思维的人，也有可能采取行动来保护自己的自尊，比如放弃练习或制造干扰，以便将失败归咎于其他因素。如果这种自我设障的行为发生了，希望它能减轻表现不佳可能带来的冲击。从长远来看，如果这能增强表现者的毅力，这或许就是我们想要的结果。换句话说，我们都是人。我们在前进的道路上遭遇的障碍，需要极大的勇气、十足的"胆量"和正确的思维方式才能突破。这些提供缓冲的因素，可能就是我们在某一领域坚持到底还是提前退出的分水岭。接下来，我们将视角转向"限制你的目标范围"话题的另一端，即未能把握小机会。

小机会带来大机遇

本章的核心内容聚焦于如何不限制自己的目标范围，以及当有人提出超出他人舒适区的抱负时可能会遭遇的抵触情绪，这种抵触可能会威胁到他人的自尊。此外，我们还必须警惕那些容易被忽视的微妙机会，它们可以带来新的联系，或者在其他方面提供帮助。对那些乍一看似乎与自己所追求的上升轨迹不符的机会持怀疑态度，并不是没有道理的。然而，小机会几乎总是会带来大机遇。让我们直接转向访谈内容，突出展示一些这方面的实例。

乡村音乐艺人罗德尼·阿特金斯（Rodney Atkins）的音乐

总监兼鼓手凯文·拉皮洛（Kevin Rapillo）指出，进步常常需要一系列小事件来推动：

> 总是那些微小的细节。从来不是什么巨大的、像中彩票那样的奇迹。从来都不是。从外部看，或许会让人觉得是这样。比如，他们突然赢得了格莱美奖，就好像这一切是凭空而降的奇迹。其实，所有这些成就都源于那些微小的机会。即使是和罗德尼一起演奏的机会，也是来自一个朋友介绍的小机会。当时我在纳什维尔和一位民谣歌手合作。他在成名之前就认识罗德尼，而我那次只是临时帮忙——一个周末的演出，就像我在纳什维尔做过的无数其他临时演出一样。如今，20年过去了，我依然和那个人一起演奏。所有这些成就都源自小事的积累。我认为人们的错误在于，他们没有关注这些小事，对吧？他们总是轻视这些小事，期待着某个巨大的机会从天而降，却不知道这些小机会其实会不断延伸出更多的机会。纳什维尔就是这种现象的绝佳例子……"哦，我和这个帅哥或那个美女一起演奏过，然后这就引出了一个机会，又引出了另一个机会……"哪怕那是在四年后的事情。它似乎总能兜兜转转地回到起点，你懂的。这就是纳什维尔的典型风格。我认为人们忽略了这一点，尤其是现在，因为纳什维尔城变得如此出名。年轻人来到这座城市，却因为像凯斯·厄本（Keith Urban）这样的大牌歌手在第一个月没有联系他们而感到沮丧。

我们采访的那位不愿透露姓名的金唱片音乐家重申了这一点，他指出：

> 从小机会迈向大机会，通常是因为遇到了某个人，为你开启了通往新行业的大门。整个行业是一个庞大且相互交织的社交网络，人们相互熟识，从大牌明星到小众艺人，无不如此。如果有人出于任何原因愿意帮助你，他们很容易为你带来更大的机遇。小机会有时会引发改变你整个人生轨迹的大事件。

慈善家兼前音乐经理人朗达尔·理查德森（Rondal Richardson）分享了他在娱乐行业数十年职业生涯的起点。在他看来，那只是高中时一次"简单的举手应征"，本以为只是一个暑期临时工作。想当年，一位访客正在招募人员，在里基·斯卡格斯（Ricky Skaggs）的夏季演唱会上销售周边商品。朗达尔回忆说，这位访客寻找的是这样一个人："不能过分迷恋乡村音乐艺人。可以随他们一起巡演，与他们相处，和他们一起吃饭，但不能过于热情地凑在他们面前，也不能给他们添麻烦。"朗达尔认为自己是一个绝佳人选。他回忆道："我正是干这个的完美人选。我有些紧张，不敢问父母。结果他们的第一句话就是：'要是你不做这个，那才叫疯了呢。'但我记得，我只是举了举手，一个再小不过的动作，而那一刻却改变了我的一生。"这话一点也不夸张。朗达尔有了后续的机会，并有幸与一些有史以来最著名的音乐艺术家合作。

喜剧演员亨利·曹采用了一种有益的组合方法，一方面努力工作，另一方面充分利用由此带来的后续机会。他告诉我们：

> 事情就是这样。工作会带来更多的工作机会。我总是跟我的开场嘉宾们这么说。他们会说:"嘿,他们想让我们干这个活儿,但报酬只有……"或者抱怨说这得开车6小时甚至8小时。我会说:"去干吧。工作会带来更多的工作机会。"我站在舞台上,工作机会自然就多了起来,要是不站在舞台上,机会可就没那么多了。

这条建议再明白不过了。抓住那些你认为微不足道的机会。往往正是这些较小的机会会让你处于有利地位,最终获得你一直期待的更大的机会。

本章总结

在本章中,我们探讨了一些可能导致我们限制自己希望达成目标的范围的因素,比如与"雄心壮志"相关的负面历史内涵以及社会规范。研究表明,当观察者目睹他人取得非凡成就时,尤其是当这些人与观察者相似时,观察者的自尊心可能会受到打击。因此,我们开始限制自己的目标,以便更好地融入他人,而不是像孩子一样思考,不给自己设限。我们还剖析了人们如何通过与他人比较来衡量自己的表现,以及那些几乎达到目标却最终错过的人可能比那些离目标还很远的人感到更沮丧。最后,我们采访的高表现者分享了抓住小机会的重要性,以及这些小机会如何能带来更大的机遇。

📝 练习：你到底想要干什么？

这项练习旨在帮你确认一下，如果无所畏惧或拥有无限资源，你会尝试去做什么。练习的第1题要求你写下你在没有任何风险的情况下想要尝试的一些事情。第2题则会要求你明确自己具体的恐惧以及一些可能的解决办法。

1. 如果没有任何风险，并且保证你能完成的话，你最想（曾经最想）尝试的事情是什么？

_____
_____
_____
_____
_____
_____

2. 参考第1题，列出至少3个阻碍你去做你想尝试的事情的想法或事情。有哪些潜在的方法可以克服这些问题？

_____
_____
_____
_____
_____
_____

07 第七章

Overcoming Obstacles and Finding Success

面对拒绝：
把"不"当作
停止盲目努力的信号

> 多年来，我越来越善于努力让自己从被拒绝的情绪中抽离出来，因为大多数拒绝都不是针对我个人的。
>
> ——坎德尔·奥斯本（Kandle Osborne）
> 艺术家、歌手兼演员

> 我实在受不了有些人总是挂在嘴边的那套说辞："哦，我喜欢失败。我喜欢被拒绝。"不，你不喜欢。你就是在撒谎。我们天生的机制决定了，这种批评会在大脑中产生一种错误信号，这种信号本就令人极度反感……难道不是吗？……它就是为了告诉你，事情出了问题，需要引起注意。所以，这种感觉永远不会让人觉得舒服。但这并不是重点。真正重要的是，你得努力在那些对你真正重要的事情上不断进步。
>
> ——托德·罗斯（Todd Rose）
> 畅销书作家及思想领袖

第七章 面对拒绝：把"不"当作停止盲目努力的信号

杰伦（Jaylen）搬到洛杉矶是为了在音乐界崭露头角。他开着一辆老款本田雅阁，带着两套换洗衣服和8美元来到洛杉矶。杰伦很快就开始工作了，几乎每天都在制作或表演音乐。他养成了自己的生活习惯，并决定至少用三年时间在音乐界"闯出一片天"。第二年后，杰伦的梦想终于照进现实，他成功签约了一家知名唱片公司。然而，好景不长，仅仅一年后，他便被公司无情地解约了。此后的岁月宛如一场令人眩晕的过山车之旅，他在备受瞩目的高光时刻与被拒之门外的失落之间反复徘徊。但杰伦始终坚守自己的道路。如今，他已然成为一位备受瞩目的成功艺人，带着全球各地的庞大粉丝群体，开启了一场场不间断的巡回演出。

在人生的旅途中，我们无不经历过被拒绝的时刻，无论是在校园里，还是在工作岗位上，抑或是在个人生活的点滴中。被拒绝的感觉就是刺痛。真的很刺痛！有证据表明，社交拒绝会导致大脑中负责身体疼痛的区域被激活。虽然这一说法一直备受争议，但大脑中确实存在专门用于处理社交拒绝的特定区域。遭遇拒绝可能会让人自我贬低，放大自己是"冒充者"的恐惧（这是第三章的主题），甚至使人彻底放弃（这是第五章的主题）。然而，遭遇拒绝是很平常的事情，每个人都经历过。事实上，大多数成功人士都会多次遭遇拒绝，所以我们必须认清拒绝的本质，并学会与之共处。如果杰伦在被唱片公司解雇后就放弃了，他就不可能成为一名成功艺人。在本章中，我们将分享一些名人和普通人的例子，以及他们面对拒绝的种种经历。随后，我们将进一步剖析拒绝带来的痛苦背后的科学原理,审视其可能引发的种种后果,并最终提出一些应对拒绝、走出困境的方法。

"很遗憾地通知你"——被拒绝是司空见惯的事

获得格莱美奖的乡村歌手莱妮·威尔逊(Lainey Wilson)分享了她曾七次被电视歌唱比赛《美国偶像》(*American Idol*)拒之门外的经历。七次惨遭淘汰!让我们再看一个例子,那就是深受人们喜爱的华特·迪士尼(Walt Disney)。如果他在米老鼠的创意被拒绝后就放弃了呢?我们今天熟知和喜爱的卡通片、迪士尼电影和主题公园就永远不会变成现实。传奇拳击手穆罕默德·阿里(Muhammad Ali)在刚出道时未能通过任何拳击技能测试,但他坚持不懈地训练,最终成为史上伟大的拳击手之一。同样,篮球巨星迈克尔·乔丹也曾被高中篮球队除名!

天哪!听起来好像人生处处有"拒绝"。读起来似乎有点刺耳,因为我们通常会回避谈论自己的被拒经历,因为它们似乎带有某种耻辱感。拒绝确实被理所当然地视为一件坏事。然而,正如你们许多人已经经历过的那样,当你努力取得更多成就、迈向更高层次时,遭遇拒绝的可能性也会随之增加。我们鲜少能看到大学申请者收到顶尖院校录取通知时的视频,因为人们往往默认大多数申请者都会被录取。然而,事实恰恰相反,绝大多数申请者都被拒之门外了。同样,许多人心目中的"理想工作"也存在这种情况。在《精炼之路》播客中,成功艺人洛根·米泽(Logan Mize)分享了他被纳什维尔所有唱片公司拒绝的经历。洛根确实在音乐行业取得了成功,但他在职业生涯中也体验过屡次被拒的经历。

同样，能够在职业层面参与竞技的运动员微乎其微。对于美国运动员来说，能够在高中阶段经历层层选拔进入大学校队〔大约800万名高中运动员中仅有50万人进入美国大学体育协会（简称NCAA），2013年〕，最终进入篮球和橄榄球最高职业水平的球队的概率依然只有大约1%（NCAA，2015年）。即便在赛季开始前成功入选球队，也并非没有被拒绝的可能，或者至少会存在这种担忧。以美国橄榄球最高荣誉殿堂NFL为例。在决定谁最终能进入球队阵容的最后裁决日，会有1187名球员被从他们好不容易熬过最初几轮裁员的球队名单中剔除。无论以何种标准来衡量，这都是一个令人震惊的数字，代表着一次大规模的拒绝。对于每一个经历这种裁员的球员来说，这无疑是一记沉重的打击。当然，有些球员最终会进入NFL球队的最终阵容，或者被签下加入训练阵容；还有一些球员会在低级别联赛中继续他们的职业生涯。然而，大多数球员将不得不接受一个残酷的事实：这将是他们最后一次踏上职业赛场。

当然，拒绝并不局限于娱乐或职业体育等看似机会渺茫的领域。那些申请顶尖大学、医学院、一流律师事务所或其他高度竞争的职位的人，同样面临着极高的被拒概率。本书的一位合著者曾申请5个博士培养项目但都被拒绝了，另一位合著者则遭遇了8次类似的拒绝——两人累计被拒次数高达13次！而他们绝非个例。收到拒绝信并不意味着你不配进入研究生院求学或得到一份工作。现实情况是，有成百上千的申请人提出申请，但只有少数人被选中。根据美国心理学会（APA）的数据，2022—2023学年博士研究生平均录取率为11%，硕士研究生平均录取率为44%。

而且，拒绝仍在不断袭来。社会心理学家乔希·阿克曼（Josh Ackerman）博士曾统计过自己收到拒绝信的次数，以便在一场研讨会中分享给与会者。他后来发现，整理这些拒绝信的经历对他大有裨益（稍后会有更多相关内容），但在最初看到结果时，他还是被深深震撼了：

> 回顾那些被拒绝的经历，意识到在某些追求中不被拒绝的概率如此之小，这让人有些灰心丧气。例如，在我申请的各种学术职位中，从提交申请到获得校园面试的机会只有5.1%的成功率，而收到录用通知的比率仅为2.9%。同样显而易见的是那些"连续遭遇拒绝的人生低谷"，在这些低谷期，糟糕的经历往往会接踵而至，并且彼此交织。例如，一位非常成功的同事提到，他曾有10篇稿件被连续退稿，还提到他认识的另一位学者曾遭遇大约20次类似的连续退稿。当我完成对这些失败经历的记录时，我对自己的人生选择产生了严重的怀疑。

这是一个很大的概率。而且这种拒绝率并不局限于学术工作。任何领域的理想工作都非常抢手。经验丰富的专业人士提交100多份申请却只获得三五次初步面试，这种情况并不少见。我们将在第十三章中讨论如何提升自身的竞争力以及如何增加在初步筛选中脱颖而出的概率。这里的核心在于，我们每个人都有过被拒绝的经历（我们有过，你们有过，甚至你的表姐卡特里娜也不例外），而拒绝带来的伤害直击心底。

"哎哟，心好痛！"——拒绝带来的切肤之痛

窗外的鸟儿叽叽喳喳，似乎在催促你走出宿舍，到外面的草坪上去。草坪不仅是校园生活的中心，那里的树木和其他植

被也美得令人窒息。尤其是在像今天这样一个阳光明媚、微风轻拂的日子里。尽管你一直惦记着本周到期的论文，但像这样的春日并不常有。就在你犹豫是否要放下手头的书本，出去享受片刻阳光的时候，室友推门进来，问你是否想去草坪上玩飞盘。当然要去啦！尽管广场上挤满了同样不愿错过这样好天气的同学，但大家还是能找到合适的位置，愉快地扔着飞盘。

起初一切还算顺利，你们三个人像往常一样轮流扔飞盘，每人差不多每三次投掷能接到一次，除非飞盘偏离了方向。然而，轮到你接飞盘的时候，你却被跳过了。"没什么大不了的，"第一次发生这种情况时，你这样想。下一次，飞盘又按预期来到了你手中，你松了一口气。然后……你又一次被跳过了。现在，你感到困惑不已。起初，他们只是偶尔跳过你，但最终，你被完全排除在外。这种情况持续了至少20分钟，直到他们决定返回室内。这不仅令人困惑，更让你感到受伤。

在前面的例子中，你感受到的伤痛并非夸大其词。研究发现，被拒绝（此处指的是社交排斥）会激活负责身体疼痛的大脑区域。如前所述，关于这一现象的具体机制，学界仍在争论：这种激活是发生在与身体疼痛反应相同的神经通路中，还是在相邻的通路中？但有一点是明确的：我们在神经学上的反应是类似的。拒绝确实会带来痛苦！

该领域中的许多研究都采用了本节开头提到的飞盘场景的计算机模拟版本，即一种名为"网络飞盘"的传球游戏。这款游戏由澳大利亚研究团队开发，已被广泛用于研究拒绝对个体在多个指标上的影响。一项针对数百项研究的综合分析显示，该游戏在引发被拒绝的感知方面极为有效，这些研究共涉及超过11000名参与者。

拒绝的可能原因

有人曾经想送我一套房子。当然,那房子需要大修,而且房产税也快到期了。经过短暂的思考,我决定拒绝他的好意。把房子修缮到可以居住的状态以及支付过去一年的房产税,这些费用加起来,让我觉得这事儿根本不划算。更何况,房子的现任主人居然就这么白送,这事儿怎么看都不靠谱。

这可不是在说笑,是真的。毫无疑问,那套房子的市场需求确实很低。将这种经历与最近房地产市场中的一些购房行为对比,你就能发现其中的反差。如今,许多卖家收到的报价远高于标价,潜在买家甚至会给卖家写信以争取好感。许多不错的报价仅仅因为某处房产的竞争者众多而被拒绝。这个例子说明了一个道理:拒绝往往与竞争激烈的追求有关。这种竞争可能源于目标本身的内在价值、稀缺性,或者两者兼而有之。

另一个残酷的事实是,如何在竞争中脱颖而出并不是人人皆知的常识(有关这方面的更多信息,请参见第二章)。你凭什么从众多竞争同一职位的求职者中脱颖而出?许多求职者都以相似的方式准备,拥有相似的亮点(关于如何让自己脱颖而出的方法,请参阅第十三章)。在这些资质平平且难以区分的求职者中,大多数人都会被拒之门外,而且他们很可能不知道自己在求职群体中究竟显得多么逊色或平凡。那些学会了如何脱颖而出的求职者很可能不会与潜在的竞争对手分享他们的技巧。这就是所谓的"把关"现象,即一旦获准进入某些领域或达到某种水平,有些人便不愿分享自己成功的秘诀。

残酷的是,许多领域都需要一定程度的"把关"。社交媒体的优势之一是,有些人可以绕过唱片公司等传统的把关人。

目前一种可行的模式是使用现成的软件录制音乐，然后在自己选择的平台上发布。这种新模式已经让一些真正优秀的音乐人获得了听众，而在过去几年，要获得这些听众是比较困难的。然而，我的社交媒体推送里出现了很多音乐人的宣传视频，其中很多人还没有准备好面向大众。如果你选择站在人行道上表演，那么，做一个糟糕的歌手或平庸的乐队是完全可以的，但如果你想让我的公司来买单，那么，做一个糟糕的歌手或平庸的乐队就是不可接受的（把你们为化妆间点的奶酪拼盘的钱还给我们）。此外，你肯定不希望外科医生尚未得到导师授权的手术医师资质就给你做手术，你当然也希望乘坐跨州航班时，飞行员的资质已经经过了充分把关。换句话说，虽然有些把关是肤浅的或竞争性的，但也能满足一些合理的需求。

遗憾的是，拒绝有时是偏见的结果。一些偏见广为人知，比如基于种族或性别的偏见，但除此之外，还可能存在其他隐性偏见。比如，你说话的方式就可能导致被拒绝，这可能是因为语法不当或你的地方口音或方言所致。除此之外，身高和体重也可能成为偏见的来源。研究发现，高个子比矮个子更容易就业，收入也更高，男性平均薪资增加5%，女性则增加12%。相关证据表明，女性比男性更容易受到体重偏见的影响。可能导致拒绝的"偏见清单"可能是无穷无尽的。这些偏见与其他已经讨论过的拒绝原因相结合，让我们对拒绝的普遍性有了更现实的认识。我们将在下一节讨论如何利用对拒绝普遍性的认识来帮助我们更好地应对拒绝及其后果。

拒绝的后果——"我理解你的心情，谁又能理解我呢？"

在上一节中，我们讨论了造成拒绝的一些原因，但这并不是一份详尽无遗的清单，毫无疑问，还有其他一些因素也会造成拒绝。在本节中，我们将探讨拒绝带来的一些真实后果。这些后果包括愤怒和抑郁，以及压力激素皮质醇水平的升高。此外，我们还会探讨前面提到的拒绝带来的身体疼痛。当然，被拒绝最终可能会加剧自我怀疑或觉得自己是个冒充者的感觉（见第三章），或者阻碍你所追求目标的进展，最终导致你认为自己不属于某个领域或行业而选择退出（第五章已讨论过"放弃"问题）。

我们对拒绝的容忍度不尽相同，每个人在"拒绝容忍度"连续谱上都有自己的位置，有的人可以容忍少数几次拒绝，有的人则需要面对尽可能多的拒绝才能达到自己的目标。许多人会把拒绝当作放弃实现目标的信号。有些人根本不愿意冒险，因此（也许是故意的）面对的拒绝极少；还有一些人会尝试冒险，但在遭遇第一次拒绝后就放弃目标。这个连续谱很重要，正如我们在第一章中讨论的，要想在某件事上做得出色，就必须在适当的时间内做正确的事。由于遭遇拒绝而提前放弃（第五章），我们肯定无法投入足够的时间来推进自己的事业，也会错失最终崛起的机会。

"面对拒绝，不再感到痛苦"——如何走出拒绝的阴影

我曾与一位同事合作数月，撰写了一篇理论性论文，将有关专家技能方面的研究成果应用于这位同事的专业领域。这篇论文实质上是一份指南，旨在帮助这位同事所在的专业领域识别那些尚未得到解答的实证问题，从而提升从业者的工作水平，使其达到顶尖水平。我收到了一封电子邮件，通知我这篇论文已提交给某期刊，邮件中还附了一句："我今天提交了稿件。但我没有信心他们会录用。"这种不确定性源于该期刊是否会接受纯粹的理论性文章，而非基于数据收集的经验性研究。尽管如此，这句话反映出我们对被拒绝可能性的清醒认识。我们深知，被拒绝是司空见惯的事，也是我们工作的一部分。

在本章前面，我们列举了一些成功克服拒绝的知名人士，并探讨了拒绝的普遍性。认识到拒绝的普遍性，应当成为我们应对拒绝负面影响的首要策略之一。丽莎·雅伦卡博士的文章涵盖了包括拒绝在内的诸多主题，旨在消除这类问题的负面标签，因为这些问题通常未被公开讨论。这篇文章的两位合著者，斯威尼（Sweeney）博士和莫利纳（Molina）博士，也表达了类似的观点，认为拒绝是整个过程的一部分。我们还应补充的是，对于大多数追求，尤其是竞争激烈的领域来说，拒绝更是不可避免的。

在这方面，学术环境颇具优势，因为有时我们能够像阿克曼博士那样（前面已讨论过）统计出被退稿的具体次数，从而分享被退稿的频率。美国哲学协会（简称APA）报告称，

2015—2019年，所有分部对在其年度大会上提交的论文的接受率为25.3%。这意味着，那些提交论文准备在专业会议上宣读的申请者中大约有3/4的人都被拒绝了。至于在期刊上发表研究成果，接受率则降至约10%。这意味着投稿时最常见的结果就是被退稿。不过，被退稿也有好的一面。在你的稿件被退稿时，你会得到如何改进的反馈意见。如果你随后想再次尝试，向另一家期刊投稿，这些修改意见可能会有所帮助。这些例子强调了这样一个观点，即退稿比录用更常见。如果我们明白被退稿的次数多于被录用的次数是常态，我们就能减轻痛苦，更轻松地向前迈进。

倘若我们当初把申请博士课程时面对的拒绝当作自己不适合读研的信号，那我们今天就不会成为教授。我俩都没有就此结束自己的追求，只是稍作调整，继续前行。其中一人申请了硕士项目，被录取了，甚至还收到了几所学校的录取通知。虽然一开始被拒绝和需要调整方向确实让我们很痛苦，但这是最好的结果。这次调整让我们比以往更广泛地拓展了人脉，还结识了对我们职业生涯产生了重要影响的导师和同行。

再次强调，认识到被拒绝是司空见惯的事，并将其视为实现目标过程中意料之中的一部分，也是应对被拒经历的途径之一。音乐艺术家坎德尔·奥斯本女士在接受我们采访时也表达了同样的观点：

> 多年来，我越来越善于努力让自己从被拒绝的情绪中抽离出来，因为大多数拒绝都不是针对我个人的。不过，在实现这一目标的道路上，我遇到了不少困难。我身边有很多出色的唱片公司负责人和经理人。他们来看我的

> 演出，甚至跟着哼唱，但就是不愿意签下我。而且，我还遇到过非常奇怪的事情。比如几年前，一个大型唱片公司说会在下周给我寄一份合同。我的律师已经准备好了。他们说："我们非常期待。"我将成为下一年的重点推广艺人，所有计划都已就绪。我们为此进行了数小时的电话沟通，但后来，我再也没有收到他们的消息。不过，在我的职业生涯中，这样的事情已经发生过很多次了。你要明白，直到事情真正发生之前，没有什么是板上钉钉的。年轻的时候，你很难在这种事情上吸取经验教训。比如22岁的我，当被告知将成为下一个大明星时，我深信不疑。我满怀期待，然而每一次失望都真的会伤透我的心。

　　洛根·米泽在《精炼之路》播客中分享说，在取得成功之前，他也经历了无数次的拒绝，仿佛被扔进了磨难的漩涡。他花了数年时间，差点儿就被许多大唱片公司签下，却屡屡遭到拒绝。最终，他坚持了下来，成了一名非常成功的音乐家。坎德尔和洛根之所以能够坚持下来，部分原因是他们经受住了不断被拒绝的考验。这种被拒绝的经历会让你觉得自己是个冒充者，永远都不够好，也无法创作出高质量的作品。

　　认识到拒绝的普遍性，有助于你开始改变对拒绝的看法。将拒绝视为获取反馈并从中学习改进的机会，也会有所帮助。正如前面提到的，当一篇学术稿件被退稿时，审稿人都会提出改进意见。本书合著者艾米丽在她的博士导师告诉她"没关系，我们会给你的佳作找个家的"之后，她就学会了将退稿作为学习经验来接受。这种指导重塑了她的思维模式。

　　将反馈视为一种学习体验，与韧性理论中的"持续学习"

理念紧密相连。韧性可以被视为两个过程：遭遇逆境和积极适应。在我们面对一个我们认为无法克服的障碍时，我们却克服了，这就是韧性。现在问题来了：在我们面对让我们想要放弃的障碍（比如被拒绝）时，我们如何从A点到达B点？简短的回答是：不要放弃。直面每一场战斗，因为每一场战斗都会让你变得更加坚韧。在我们面对拒绝时，无论是求职面试还是晋升机会，我们都要从中吸取教训和积累经验。我们可以修正或改变什么以增加下一次被录用的机会呢？我们在面对每一种情况时，都要了解哪些方法可行、哪些方法不可行，从而培养继续前进的勇气，以及获得克服挫折的力量和经验。这种方法与韧性理论中的第二个要素（即反思）非常契合。我们中的很多人在被拒绝后都想马上去做下一件事。但是，如果我们不花时间对这次经历进行反思，就不能指望从中学习和成长。

阿克曼博士提出的另一种重构观念的方法是，审视除你或你的作品之外可能导致拒绝的其他因素。从表面上看，这似乎与仔细审视自己需要改进的地方相矛盾。尽管你仍需保持开放和诚实的态度去寻找自己可以做得更好的地方，但有时有些事情是你无法控制的，也与你或你的工作无关。考虑一下上文中提到的偏见、录取人数的限制，甚至与你前一晚睡得好不好也有关系。总之，你要继续寻求持续的改进，但要意识到，有时也会有"意外发生"。

与此相关的是，拒绝应被视为不带个人色彩的，而这往往是很难做到的。还记得坎德尔·奥斯本对拒绝的看法吗："大多数拒绝都不是针对我个人的。"我们相当肯定，审稿人在拒绝我们的稿件时，并不是在批评我们个人。同样，一个公司里可能有三个优秀的候选人竞争同一个职位。这就意味着，两个优秀的候选人将遭遇拒绝。从雇主的角度来看，通常有一些备受追捧的应聘者同时受到多个雇主的青睐。这些应聘者可能会收到多份录用通知，但只能接受其中一份，这时，有些雇主就会遭遇拒绝。同样，这些应聘者的决定很可能并不是对其青睐者的个人冒犯。

在现有雇主那里或在一个领域工作了很长时间之后，要想获得晋升却遭到拒绝时，那就更难不掺杂个人色彩了。这是因为你和那个拒绝你的人之间确实有过节。在一个职位上工作数月或数年后，你的晋升或加薪申请可能会遭到拒绝。这种类型的拒绝会引发你觉得自己不够好或自己是个骗子的感觉（有关冒名顶替综合征的更多信息，请参阅第三章）。我们的一位受访者就遇到过这种情况，他应邀临时担任一家公司的高级领导职位。他非常喜欢这个职位的工作。当公司需要为这个职位寻找全职员工时，他认为自己会是永久填补该职位空缺的不二人选，但公司却选择了另一位候选人。被拒绝的感觉很刺痛，他想彻底放弃这家公司。如前所述，正是与该组织和关键人物的过往记录让他觉得这个录用决定掺杂着强烈的个人色彩。

"你果然很敏感！"

没有人喜欢被拒绝的感觉。那么，为什么有些人会在屡次遭受拒绝的情况下仍继续追求自己的梦想，而另一些人却在遭遇拒绝时就放弃了呢？研究人员发现的一个原因是，人们对拒绝的敏感度存在差异，有些人受到的影响比其他人更严重。这种现象被称为"拒绝敏感度"。我们对拒绝的敏感度有高有低，每个人在"拒绝敏感度"连续谱上都有自己的位置，有的人几乎不受拒绝的影响，而有的人则深受拒绝的折磨。那些拒绝敏感度高的人会更强烈地感受到拒绝，并且焦虑地预期会被拒绝，这想必会影响表现和感知。例如，你在表现得"紧张不安"时，可能会传递出一种与你期望完全相反的氛围，尤其是当你最终显得咄咄逼人或过于防备时。

在一项研究中，研究人员成功捕捉到了拒绝敏感度的影响。首先，研究人员巧妙地模拟了拒绝场景，让参与者相信自己被同伴拒绝了。随后，参与者有机会向他们认为拒绝了自己的人提供辣酱，而他们又被告知对方不喜欢辛辣食物。那些拒绝敏感度较高的被拒绝者，相比其他被拒绝者，会添加更多的辣酱，尤其是在拒绝出乎意料的情况下，他们添加的辣酱量更是多得惊人。

据推测，即使那些对拒绝高度敏感的人也能克服这种倾向，但他们也有可能退出某个领域。在这种情况下，我们建议将反复被拒绝视为晋升过程的一部分，这可能会有所帮助。我们都把拒绝看作在学术岗位上生存的代价之一。正如本章的例子所示，其他领域也是如此。即便遭遇拒绝，依然留在竞争赛道上，这才是通往你理想目标的关键所在。

本章总结

在本章中，我们讨论了拒绝以及拒绝对努力成为高表现人才的人可能产生的巨大影响。被拒绝是司空见惯的事，我们分享了各种人物经历拒绝的例子，既有知名人士，也有普通人，从假设中的求职者到诺贝尔奖得主，无一例外。研究表明，社交拒绝会激活与我们经历身体疼痛时相同或可能相邻的神经通路。然而，被拒绝的感觉就像身体疼痛一样，真的伤不起。其他后果包括愤怒和抑郁，以及压力激素皮质醇的增加。被拒绝最终可能会加剧自我怀疑或觉得自己是个冒充者的感觉（见第三章），或者阻碍你努力去实现目标，最终导致你认为自己不属于某个领域或行业而选择退出（第五章已讨论过"放弃"问题）。应对拒绝的建议包括：意识到大多数领域的拒绝率很高，并将其视为追求过程的一部分，甚至从教训中积累经验。

📝 练习：你永远也别想在这个领域获得成功！

这个练习将帮助你认识到被拒绝是正常的，并减少你的耻辱感。练习的第1题要求你提供自己被拒绝的例子。第2题则要求你回忆你提供的每个被拒绝的例子的最终结果。

1. 提供三个（或更多）你经历过的被拒绝的例子。

_____

_____

_____

_____

_____

_____

2. 高表现者通常会在前进的道路上多次遭到拒绝，但仍会继续追求梦想。回顾你在第1题中分享的被拒绝的经历，描述这些经历的结果。你是完全放弃了，还是最终成功了呢？

_____

_____

_____

_____

_____

_____

08 第八章

Overcoming Obstacles and Finding Success

追求完美：
找到自身的承受极限，
然后勇往直前

在你意识到有多少人渴望这份工作（迪士尼的工作），渴望做你正在做的事情时，你就会感到压力很大，你必须跟上时代的步伐，做到尽善尽美；你甚至要做得比别人期望的更多，以便在竞争中立于不败之地。

——托马斯·埃斯特拉达
电影和视频游戏动画师

如果每个人都追求完美主义，赛车就永远无法驶上赛道，因为赛车永远不会完美。赛车能达到的完美程度，取决于你愿意接受到什么程度。事情总有意外，赛车也是如此。我们把赛车推向极致，几乎所有的赛车功率都超过了1000马力（1马力=735.5瓦），而其零部件根本就不是为长期输出这种功率、承受这种磨损而设计的。所以，完美在某种程度上是相对的。

——泰勒·赫尔
Formula Drift 漂移赛职业车手

一天，在我漫不经心地浏览一个热门社交网站时，一张图片吸引了我的注意。那是一张骆驼爬陡峭沙丘的照片。最引人入胜的是，这头骆驼看起来像是在爬行。骆驼的脖子伸得笔直，与陡峭的沙丘平行，前腿弯曲，仿佛在用前膝爬行。尽管这种姿势肯定算不上优雅，但想必十分有效。这让我想到了完美主义。在很多情况下，我们害怕迈出第一步，或者想等到自己的状态再好一点时再行动。有时，我们会等待一个完美的时机去启动某个项目，或者直到我们有完美的表现才行动。这种做法有很多缺陷。正如我们下面要讨论的那样，完美主义往往适得其反。正如骆驼用看似笨拙的方法爬上沙丘一样，有时我们必须凭借当时拥有的条件或掌握的知识勇敢地迈出第一步，把事情做成。我们还将讨论这些机会如何可能导致我们在前进的道路上犯错，这些错误如何能够帮助我们实现长远目标，以及如果不抓住小机会带来的飞跃，就可能会错失更大的机会。

传统意义上的完美主义

在马利克（Malik）攻读硕士学位时，学校给他规定了完成论文的时间期限。在准备提交论文时，他仔细审阅，却始终觉得论文哪里不对劲。他实在无法鼓起勇气把草稿交给导师审阅。客观来说，这篇论文写得不错。然而，他每次审阅时都能找出一些需要修改的地方。比如，在这一页改一个词，在那一页删一句话。更糟糕的是，他的进度已经落后了几个月。论文编写进度的落后确实让他感到压力很大，但远不及论文目前的质量让他焦虑。这篇论文就是……不对劲。它就是……不够完美。最终，马利克错过了论文提交期限，没能拿到学位。

马利克的例子说明了完美主义可能带来的负面影响。例如，完美主义与一系列负面结果有关，包括压力增大、倦怠和抑郁。此外，英国学者托马斯·柯伦（Thomas Curran）和安德鲁·希尔（Andrew Hill）的研究表明，自20世纪80年代以来，完美主义一直呈上升趋势。他们针对美国、英国和加拿大青少年的一项荟萃分析发现，如今的青少年更容易陷入完美主义。研究人员确定，如今的青少年面临更大的社会压力，对自己也更加苛刻，而且他们自身也在一定程度上加剧了这种社会要求的提升。这些学者后来进行的一项实证研究发现，父母的批评随着时间的推移也有所增加，这直接导致青少年身上表现出的完美主义倾向加剧。

尽管存在一些支持完美主义的观点，因为它在某些情况下可以提升表现（例如，适应性完美主义有助于医学生满足医学院的严格要求），但也有证据表明，完美主义会让一些人缩小自己的目标范围（参见第六章）。例如，一支加拿大研究团队将关于完美主义影响的研究扩展到大学教授群体，发现完美主义阻碍了他们的工作效率。特别是，坚持完美主义标准的教授倾向于回避那些可能会失败或受到批评的情境，这听起来很像我们在第一章中介绍的固定型思维模式的一个潜在后果。这使他们在思考问题时缺乏创造性，并且与那些不追求完美的人相比，产出的成果也更少。

如果你有完美主义倾向，你可能会发现自己处于类似的境地。即使是没有完美主义倾向的人，批评和失败也不是什么令人愉快的事。有趣的是，这让我想起了音乐家和艺术家们常有的感慨：一旦取得了一定程度的成功，他们就会面临巨大的压力。他们的早期作品很可能是出于自身兴趣或创作冲动而创作的。他们的首张专辑可能花了好几年时间才完成。然而，一旦取得成功，他们往往会面临在更短时间内延续这种成功势头的压力。保持这种势头本身并没有问题。但随着期望值的不断提高，完美主义或类似完美主义的倾向可能会悄然出现。

一组研究人员进行了一项巧妙的研究，分析了音乐家在获得格莱美奖提名后发布的歌曲在风格上的独创性，揭示了维持成功所带来的压力，以及这种压力对创造力可能产生的限制性影响。研究发现，获得格莱美奖的音乐家随后发布的歌曲在风格上明显不同于他们的同行。研究者将此称为"艺术差异化"。与获得格莱美奖提名之前的作品相比，获奖者在后续作品中展现出更强的独特性，进一步拉开了与其他艺术家的差距。关键在于，那些获得格莱美奖提名但最终未获奖的音乐家们，在后续的作品中，其风格逐渐失去了独特性，变得与他们的同行更为相似。这说明了人们看待表现的视角最终会对结果产生影响，这包括维持势头的压力和完美主义倾向。只有理解批评和失败的潜在价值，才能认识到它们各自的用处，而完美主义倾向则会使这一过程变得更加复杂。

"你确实训练有素，并且不断进步！"

在强调世界级运动员的训练强度方面，可供选择的例子不胜枚举。你可能看过高水平运动员在沙坑中训练以增加难度的视频。想必在沙坑中全力奔跑之后，再在普通的场地或球场上奔跑会显得轻松许多。这种训练的另一个版本是让运动员在陡峭的斜坡上冲刺，或者负重冲刺。曾与NBA球员斯蒂芬·库里有过广泛合作的篮球技能教练布兰登·佩恩（Brandon Payne）

在接受《精炼之路》播客采访时分享说，他会通过设置比实际比赛更艰难的训练情境来帮助球员适应高强度的比赛节奏。这样当他们回到真实比赛中时，他们会感觉比赛节奏更慢。

这些高强度的训练方法并不仅限于体育领域，第一章开篇就提到了乔伊斯·卡罗尔·欧茨为提高写作水平而创作大量练习小说并将其丢弃的例子。还有，广受赞誉的编剧大卫·S.高耶指出，要想写出出色的剧本，你得先大量练笔。虽然这种写作与在沙坑里进行的体能训练截然不同，但为了提升写作技巧而创作一部完整的长篇小说或剧本，其强度丝毫不亚于前者。几乎任何需要高水平表现的领域都有某种形式的高强度训练。

这种训练的观察者很容易把他们看到的贴上"完美主义典型案例"的标签，这是可以理解的。而被观察者可能会反复推敲，以求在小说中写出最精彩的句子，或者在篮球场上不断地提高投篮命中率。此外，他们通常还在不断努力，以达到更高的水平。这些被观察到的行为很容易被误认为是完美主义的表现。然而，有一个术语可以更好地概括世界顶尖表现者的典型表现，即"卓越主义"。帕特里克·高德鲁（Patrick Gaudreau）及其同事花了大量时间来区分完美主义和卓越主义。尽管完美主义和卓越主义都涉及对高水平表现的追求，但两者之间的一个关键区别在于灵活性。

换句话说，卓越主义可以被视为努力做到最好，但不带有通常伴随完美主义而来的包袱。追求卓越主义让你朝着目标努力，可能会降低因不切实际的期望或无法达到完美而偏离正轨的风险。话虽如此，人们对自己的期望仍然可以定得很高，高表现者对自己的期望也可以非常苛刻。与追求完美主义相比，追求卓越主义所赋予的灵活性来自于留出了允许犯错的心理空间。至少，这应该是我们采取的态度。这些错误的出现通常并非有意为之,而抓住机会去分析并从中学习,对于提升表现是有益的。

别等完美时机,现在就是最好的开始——告别不安,拥抱未知

蔡斯(Chace)和蒂娜(Tina)在当地一家小咖啡馆喝咖啡时,彼此聊得很投机。回到家后,蔡斯满脑子都是蒂娜的影子。他隐隐觉得,蒂娜对他可能也有那么一点好感。一直以来,蔡斯都对自己的外貌不太自信,尤其是体重。他觉得自己至少要减掉10斤,才有底气约她出去。于是,他开始规划:去健身房锻炼,争取在几个月后减到理想体重,然后鼓起勇气约她。然而,不幸的是,在蔡斯的减肥计划实施三周后,蒂娜在他们每周一次的咖啡聚会上满面春风,因为她已经有了"新欢"!蔡斯在那一刻意识到自己的机会之窗已经关闭,他懊悔不已,早知道就应该早点约蒂娜出去。

接下来的这段话请务必仔细听好:"别等完美时机,现在就是最好的开始。"这几乎适用于任何事情。总会有可以变得更好或改进的地方。由于体重问题,蔡斯错失了邀请蒂娜约会的机会。在上一节中,马利克因为觉得自己的论文总能改进而错失了获得研究生学位的机会。他担心评审委员会在评审他的论文时可能会注意到一些他认为是错误的地方,而实际上,评委们根本不会觉察到这些错误。另一个常见的恐惧是害怕犯错,尤其是在尝试进入一个新领域或在层级结构中晋升时。正如我们将在下一节中看到的,犯错实际上可以成为极好的学习工具。Formula Drift漂移赛职业车手胡曼·拉希尼(Hooman Rahini)提到了他从父亲那里得到的关于犯错的建议:

第八章　追求完美：找到自身的承受极限，然后勇往直前

> 最终犯错是不可避免的。我肯定会出岔子的。但我的父亲很早就教导过我：人可以犯下无数个错误，关键是要从中吸取教训。如果你能从每一个错误中吸取教训，那么，它就只是一个错误而已，又不是世界末日。你可以继续前进；你可以从中成长，并且变得更好。

我们将在后续章节深入探讨失败可能带来的意外好处。我们还会在另一个后续章节中讨论，如果你一直观望不行动，可能会错过一些小机会，而这些小机会最终可能会带来更大的机会。现在，让我们来探讨一种看似矛盾的体验：当我们去做一件我们真正想做的事情时，我们感到焦虑和其他负面情绪。而一些基于研究的方法或许能帮助我们克服这些情绪。

人们常常没有意识到，尝试新事物本身就可能让人感到忐忑不安，哪怕你非常渴望去做这件事。比如，拿着麦克风站在舞台上表演脱口秀，试图逗笑观众，或者参加当地的网球锦标赛，又或者是为自己的创业项目争取资金支持。这些事情可能都是你梦寐以求的，但仍然会让你忐忑不安。朗达尔·理查德森，一位慈善家和前音乐经理人，在20世纪90年代曾是加思·布鲁克斯（Garth Brooks）的管理团队的成员。朗达尔分享了这样一个故事：尽管布鲁克斯已经在世界各地的体育场演出过，并且场场爆满，但看到中央公园的观众规模时，他仍然感到心跳加速。在阅读本书的读者中，很多人都渴望成就一番事业。然而，某种程度的不适感或许会一直存在。以传奇乐队"杀手乐队"的主唱布兰登·弗劳尔斯（Brandon Flowers）为例。布兰登与《智趣无界》（Smartless）播客的主持人分享说，即便在演艺生涯超过20年的今天，他在登台前仍然会紧张得手

心冒汗。

应对紧张情绪有一些技巧，那些经常身处压力之中的人会使用这些方法。例如，传奇嘻哈组合"Run-DMC"的成员达里尔·麦克丹尼尔斯（艺名DMC）在最近关于该组合的一部纪录片中透露，他通过塑造一个超级英雄的人格形象来帮助自己克服一直挥之不去的表演紧张感。碧昂丝（Beyoncé）在多年前接受奥普拉·温弗瑞的采访时也曾提到，她在表演时会假想自己是一个虚构的角色，即萨沙·菲尔斯（Sasha Fierce），其中"菲尔斯"的英文Fierce就是"无畏"的意思。这种人格形象能够帮助他们轻松应对表演的要求，而不会出现通常伴随表演的紧张感。这样一来，碧昂斯和DMC就不必为他们所经历的紧张而焦虑不安了，因为无畏的菲尔斯和超级英雄可以应付自如。你迈出的许多第一步，以及大多数人迈出的第一步，至少在一开始会让人感到不舒服。直面这种不适感，认清其本质，然后走出阴霾。接下来，让我们探讨一些例子，看看这种不适感是怎么产生的，如果你理解了其中的心理和生理因素，就会明白这是很自然的现象。

实证研究支持这样一种观点，即我们对生理体验的归因在很大程度上影响着我们对情境的解读，最终也影响着我们的表现。官方的研究术语是"生理唤醒的错误归因"。在这项经典研究中，参与者在与演员进行预设的互动之前，被注射了肾上腺素（会导致生理唤醒，例如心率加快）或安慰剂。这些演员要么表现得愤怒，要么表现得愉快。参与者在注射了肾上腺素后，会根据自己所处的情境对自身的唤醒状态做出不同的解释。换句话说，与快乐的演员互动的参与者将自身的唤醒状态解释为"玩得很开心"。而在他们与看似愤怒的演员互动时，这种唤醒状态则被解释为愤怒。

后来的研究表明，生理唤醒的错误归因甚至在性吸引中也起作用，即生理唤醒被归因于在场的人。例如，与生理上未被唤醒的参与者相比，音乐引起的生理唤醒会使参与者对人脸的吸引力做出相对较高的评分。这些例子表明，我们是多么容易对自己的生理反应做出错误解读，并提醒我们要根据环境中的线索来解读这些生理反应。

能否意识到生理唤醒的归因错误现象真的会对你的表现产生影响吗？绝对会！让我们看两个例子。研究员詹姆斯·奥尔森（James Olson）为这一结论找到了实证支持。在他的著名研究中，当参与者被告知耳机中播放的声音会让他们在演讲时产生"不愉快的生理唤醒"时，他们的错误次数反而比那些被告知音乐会让他们放松或没有任何影响的人要少。为什么会出现这种情况呢？参与者们能够将自己的紧张情绪归因于耳机中传来的噪声，而不是对自己能力的怀疑。能够将紧张情绪归因于任务之外的其他因素，让参与者们在心理上巧妙地欺骗了自己："如果这个任务没有让我紧张，那么也许我就能搞定它。"

当杰西·史密斯（Jessi Smith）和梅根·亨通（Meghan Huntoon）这两位研究者通过让女大学生撰写一篇论述她们为何值得获得奖学金的文章来开展这项研究的变体实验时，这一现象变得更加具有现实意义。在这些女大学生被告知，在撰写文章时出现的潜意识噪声会让她们感到不适时，与那些没有被告知噪声会导致不适感的女大学生相比，她们在自我推销方面表现得更为积极（这一话题将在第十五章中讨论）。再次证明，将不适感归因于对任务本身的看法或任务以外的其他因素，能够带来更好的表现。我们自己的经验是，高水平的表现者最终会学会将不适感视为追求过程的一部分。他们不再需要将不适感与外部因素联系在一起，而是将其视为自身体验的一部分。

失败，就是尚未成功

在第二章中，我们讨论了托尼·霍克在滑板技艺提升上所展现出的非凡执着。这种对进步的执着，包括了他在追求技艺精湛的过程中经历了一些相当严重的伤病。这个故事生动地展现了一个人如何不满足于现状，努力迈向更高的表现水平。在这个场景中隐含的是，托尼和他的滑板同行们愿意在尝试完成某个特定动作时反复失败。这种反复失败在几乎所有领域都很常见。在某些情况下，比如滑板的例子中，失败可能会带来身体上的后果；而在其他领域，失败则表现为不同的形式，比如计算机编程中的错误，或者一道菜没有达到预期的味道。这些失败可以带给我们极其宝贵的教训。

在许多领域，正是这种反复的失败最终为表现者带来了巨大的进步。具体而言，尝试突破当前能力水平往往会多次失败，但正是这些失败最终促成了表现的提升。这种提升部分源于在不断尝试、失败、再尝试、再失败的循环过程中积累的经验教训，直到表现趋于稳定。安德斯·艾利克森（他提出了"刻意练习"这一术语，而这一概念在本书中多次提及）及其合作者们以花样滑冰为例，生动地展示了这一原理的实际运作。研究人员指出，在追求高水平花样滑冰技能的过程中，失败的尝试极为频繁。正如托尼·霍克在滑板上努力精进自己的动作一样，花样滑冰中的失败尝试也可能带来痛苦，因为它们常常导致摔倒。至关重要的是，最顶尖的花样滑冰选手在训练中花费了大部分时间去尝试那些他们尚未掌握的动作，而那些技艺娴熟但地位稍低的花样滑冰选手则把大部分练习时间用于巩固他们已经擅长的动作。换句话说，最顶尖的表演者不仅对失败泰然处之，更是将其视为意料之中的事。失败是整个追求过程的一部分。值得庆幸的是，许多领域的失败并不令人痛苦，还能提供巨大的学习机会。

第二章中提到的苏联国际象棋训练学院提供了另一个从失败中学习经验的例子。它采用的一种训练方法是：研究过往棋局中的实战局面，分析学员所选择的走法与实际对局中特级大师的走法为何不同。学员随后会继续研究其他实战局面，重复这一过程。虽然国际象棋中的错误不会带来身体上的痛苦，但这一过程与之前提到的花样滑冰的例子类似，即发现错误并利用错误来提高后续的表现。目标仍然是达到最初难以企及的稳定表现水平，然后将注意力转向达到下一个更高的表现层次。

MLB投手亚历克·米尔斯分享道：

> 很多时候，我在表现糟糕的时候学到的东西，比在表现好的时候学到的还要多。我觉得这就是生活，就是这样，没有别的，你知道的。我认为，我们要从错误中吸取教训，这样我们才能变得更好。错误就是我们知道自己做错了的事情，而很多时候，当事情进展顺利时，我们很难从中吸取教训，因为一切都很完美，没有出错的地方。我从失败中学到的东西更多，也从表现不佳中获得更多的成长。当事情进展不顺利时，从中吸取教训，然后将这些经验带入下一次尝试、第二天的追求，甚至是下一个小时的努力。

莱瑟伍德酿酒厂（Leatherwood Distillery）的创始人安德鲁·朗（Andrew Lang）也表达了类似的观点："我也认为不可能每次都成功。总会有失败的时候。你会被人绊倒，也会自己跌倒。但只要你从中吸取教训，并在下一次加以改正，一切都会迎刃而解。"

因此，失败是真正精通某件事的必经之路。那些已经达到高水平的人早已深知这一点。然而，就失败而言，第一章中讨论的社会集体观念又重新浮现。这会加深社会对失败者的刻板印象，即认为他们无法取得成功。实际上，选择退出的人很有可能受到了本书中强调的诸多问题的影响，包括这种观念与可用资源的匮乏相结合对思维方式造成的综合影响。

2021年，研究者罗内尔·金（Ronnel King）和何塞·埃奥斯·特立尼达（Jose Eos Trinidad）针对15000多名中学生的数据进行了分析，证实了成长型思维模式能够预测家境富裕学生的成功，但对于社会经济地位较低的学生则不然。这样的发现并不令人意外。如果你缺乏必要的资源去提升自己，那么，单纯相信自己能够变得更好也无济于事（关于这些因素的更多内容，请参见第一章和第二章）。因此，我们的表现往往会随着周围环境（所设定的标准或水平）或升或降。

小机遇成就大契机

另一个与等待事情变得完美有关的考虑因素是我们在第六章中已经讨论过的内容，即小机会往往会带来大机遇。这其中隐含的意思是，你已经在某种程度上涉足了你感兴趣的领域。与本章内容相关的是，这可能意味着为了获得初始机会而做出牺牲，或者仅仅是参与其中（如果你已经退出，就无法做到这一点）。我们不妨回顾一些受访者的经历，从而探讨这一观点是如何具体展现的。

布莱恩·贝茨（Brian Bates）是一位脱口秀演员，也是非常成功的《奈特的地盘》（Nateland）播客的联合主持人。他曾作为《精炼之路》播客的嘉宾讨论了这一观点。布莱恩提到，尽管他仍在从事全职工作，但还是常去当地的喜剧俱乐部。这个俱乐部很有名，常有全国巡演的喜剧演员登台献艺，其中很多都是家喻户晓的明星。他的目标是获得尽可能多的登台时间，并接触其他喜剧同行。布莱恩结识了许多喜剧演员，机会也开始不断涌现。除了主持播客，他目前还作为脱口秀演员在全国巡演。这些机会部分源于他深入当地喜剧圈，并且愿意把握那些不那么光鲜亮丽的机会。

想必，布莱恩是将每一个机会都视为通往下一个机会的基石。霍布纳尔徒步旅行公司的合伙人马克·约翰逊也赞同这种观点："一开始你很少会遇到那些庞大的、巨大的、令人垂涎的机会。我的经验告诉我，我所取得的每一个成功，都是从小机会逐渐发展为大机会的过程。"提醒一下，这些小机会可能会因为完美主义倾向而偏离轨道。本章的内容不应被理解为鼓励你在某个领域明显表现不佳时贸然行动，你至少要达到该领域当前水平所期望的表现标准。相反，这其实是在提醒我们：当你已经具备了一定的水平时，就别再因追求完美而让自己一直徘徊在外围了。我们这位曾进行世界巡回演出、有过金唱片销量、匿名的音乐家提醒我们，抓住小机会有可能改变我们的人生：

> 从小机会迈向大机会，通常是因为遇到了某个人，为你开启了通往新行业的大门。整个行业是一个庞大且相互交织的社交网络，人们相互熟识，从大牌明星到小众艺人，无不如此。如果有人出于任何原因愿意帮助你，他们很容易就能把你推向更大的机遇。小机会有时会引发改变你整个人生轨迹的大事件。

这些例子说明，抓住一些看似微不足道的小机会，最终会产生巨大的影响，从而带来更大的机遇。至关重要的是，如果你总是因为等待"完美时机"而迟迟不踏入某个领域，这显然会阻碍你的进步。即使你的犹豫并没有达到传统意义上的完美主义程度，这种迟疑也可能让你在行动上裹足不前。尽管你不应该在自己技能尚不成熟甚至可能因表现不佳而损害声誉的情况下仓促投身其中，但你也不应该因为过度等待而错过投身于自己渴望领域的最佳时机。正如本章前面所讲："别等完美时机，现在就是最好的开始。"

本章总结

在这一章中，我们探讨了完美主义的陷阱以及其日益盛行的趋势。完美主义会阻碍我们的进步，让我们觉得自己尚未准备好，或者说服我们等待一个"完美时机"才开始行动。这两种做法都可能阻碍我们发展，甚至导致我们因找不到合适的时机而始终无法迈出第一步。观看顶尖表现者的训练过程可能会让人感到紧张，他们看起来似乎表现出完美主义的特质。然而，一个相对较新的概念更能准确地描述顶尖表现者对卓越的强烈承诺以及他们努力成为最好的自己的尝试，那就是"卓越主义"。卓越主义追求的是卓越，而非完美。我们还提出，在表现过程中感到焦虑，尤其是在早期阶段，这是整个过程的正常组成部分，并不妨碍我们继续前进。相反，如果事与愿违，我们可以从错误中吸取教训，正如我们在第六章中讨论的那样，小机会可以带来大机遇。等待焦虑感完全消失，或者等到所谓的"完美时机"才行动，那只会适得其反。

📝 练习：现在就开始行动

这项练习旨在帮助你克服"必须等到一切条件都完美时才开始行动"的想法。练习的第1题要求你提供一些你想做但一直拖延的事情的例子。第2题则要求你明确是什么在阻碍你。

1. 请至少举一个例子，说明你曾想做但一直拖延，而且一想到要做就感到焦虑的事情。

_____

_____

_____

_____

2. 高表现者即便真心想做某事，也常常会对自己的表现感到焦虑。回顾你在第1题中提供的例子，明确指出是什么在阻碍你或让你感到焦虑。最后，制订一个计划，概述你如何在感到焦虑的情况下继续前进（注意：确保你达到了最低的安全/表现标准）。

_____

_____

_____

_____

_____

09 第九章

Overcoming Obstacles and Finding Success

目标不清晰：
评估自己的发展道路或需求

我认为这个概念其实就是在试图弄清楚："我需要做些什么才能在这种情况下有所改进，或者做得更好呢？"然后，为自己设定清晰的目标和具体的小目标，接着，努力去探索如何一步步实现这些目标和小目标。

——A. 马克・威廉姆斯
世界知名的专家技能研究者

如果你能设定一些小目标，并且在目标完成时对自己说"好，我做到了"，那么在心理上，这就像跨越了一个障碍，让你能够充满信心地说："好，我成功了！"

——亚历克・米尔斯
MLB 投手

妮娜（Nina）想来一场海滩度假，于是她跳上车，驱车前往。她讨厌走州际公路，所以尽可能多地选择二级公路，只要

第九章　目标不清晰：评估自己的发展道路或需求

是风景优美的路线她都愿意去尝试。妮娜晚上很难找到住的地方，因为她选择的道路都比较偏僻。即便找到了酒店，也总是客满。到了旅行的第三天，妮娜晚上就只能睡在车里。而且她的车没油了，钱也花光了。这可能看起来像是一个因缺乏规划而陷入困境的极端例子，但令人惊讶的是，这种实现目标的方式却出奇地常见。在本章中，我们将探讨评估个人目标的重要性，并找出那些切实可行的步骤，从而一步步地向目标靠近。

你长大后想成为什么样的人？那些最初的梦想可能早已被你抛在脑后（当然，你们中的一些人确实成了宇航员、医生、职业运动员、农民或其他任何你们在很小的时候就考虑过的职业）。有些梦想的转变可以归因于志向的自然变化，比如，一想到要与血液打交道就犯嘀咕，这最终会终结你从医的远大志向。然而，我们在开始锁定自己的兴趣时，依然需要清楚地知道，自己最终渴望抵达的彼岸究竟是成为世界冠军，还是地方之星。值得庆幸的是，我们有大量关于目标设定的历史研究成果可供参考，从而更深入地理解目标设定如何能给我们带来益处。

在过去的一个世纪里，人们针对目标设定及其对表现者益处的研究成果颇丰。这些研究通常极具启发性，为我们思考相关问题提供了出色的框架。当然，这就像你们中有些人描述的关系状态一样——"情况很复杂"。例如，一位奥运金牌得主在《精炼之路》播客中表示，他认为目标设定会适得其反。坦白地说，这一观点让我颇感意外，因为目标设定是研究专家表现以及培养专业技能框架中不可或缺的一部分。随后我了解到，有一些从业者对是否应该进行目标设定提出了质疑，于是我决定深入探究一番。

尽管在接下来的部分我们会深入探讨一些关于目标设定的

具体研究，但我们还得从一些我们认为无可争议的目标设定的基本方面入手。首先，你必须对自己想要实现的目标有一些大致的了解。从本质上讲，就是你要开始朝着哪个方向前进。其次，目标通常可以分解成更小的部分（子目标）。最后，目标有许多不同的类型。在如何定义和运用目标方面，人们似乎最认同的三种类型是结果目标、表现目标和过程目标。

按菜谱烹饪与凭直觉烹饪

我很少见我的母亲在烹饪时使用菜谱。她厨艺精湛，做菜全凭直觉，就像那句俗语说的："放点这个，加点那个，美味出炉。"这种能力我尚未掌握。我不清楚是不是因为有菜谱可循的那种安心感在作祟。凭直觉做饭会让我非常焦虑："让我看看菜谱！"当然，肯定有许多厨师更喜欢自由发挥，同时也会有许多厨师希望有精确配比的菜谱。这个关于"按菜谱照做还是凭直觉做菜"的例子为我们探讨目标设定的好处奠定了基础。

目标设定与烹饪之间的第一个有益类比在于，期望的结果至关重要。这可能意味着成功做出一盘令人垂涎的千层面，也可能是自信满满地踏上舞台面对座无虚席的观众。换句话说，你必须清楚自己想要制作的菜肴，才能朝着最终成果迈进。很少有人会脱口而出"我的目标是做千层面"或者"我的目标是做出美味的千层面"，但这种目标其实早已蕴含在决定做千层面的初衷之中。其他期望的结果也是如此。当我们提及"目标"这一概念时，自然会将这些包含在内。这并不意味着关于目标设定的研究领域缺乏大量且极具深度的文献和一些非常具体的考量。然而，在这里，我们采取的是一种更为宽泛的视角，将任何期望达成的状态或最终结果都视为一个目标。

正如我们将在接下来的章节中看到的那样，有很多方法可以让我们更接近为自己设定的目标。比如，在做千层面的例子中，我们可以借助菜谱来准备和烹饪这道美食，而不是随意发挥来实现最终目标。显然，我们在确定自己的人生目标时，也有类似的自由选择权，比如某个职业、某种表现水平、某种财务状况，或者居住在某个城市。关键的一点是，了解自己想要到达的终点是有利的，甚至可以说是必要的，如果你连申请哪所大学都不能确定，那就不可能获得大学学位。

你必须对想要实现的目标有一个大致的想法。这个想法可以非常模糊或只是短期的，但它必须存在。这些想法应被视为初步目标，比如减肥、取得A等成绩、跑步成绩提高1分钟、赚钱或者其他任何你想要达成的心愿。那就称之为"目标"吧。在这一初始阶段，确定想要达成的事情不必非常具体，尽管也可以很具体。这样做的好处之一是，它有可能让你明确所需采取的步骤以及接下来要做什么。

著名的目标设定理论家埃德温·洛克认为，目标设定通常是一种有效的做法，部分原因在于目标有助于引导关注和行动。他还提出，目标为你的努力提供了方向。即便这些最初的目标可能定义不明确或比较模糊，它们也应该能让你开始制定或完善策略，使你更接近你所确定的目标。

分块修剪草坪

我和妻子新婚不久，在乡下买了一处需要修缮的房子。院子之大，不是小小的手推式割草机可以搞定的。我们几乎没什么钱，最后还是买了一台手推式割草机。使用手推式割草机来完成割草工作似乎是一项永无止境的任务，因此我开始使用一些简单的心理技巧来使这项任务变得更加轻松。其中一个窍门就是每次只专注于院子里的一小块草坪。虽然这不是什么新奇的妙招，但它确实帮助我识别出一些较大的任务，并将其分解为可逐步累积的步骤，最终实现目标。通过集中修剪整个院子里的一块块小草坪，这项任务变得更加易于管理。

这里阐述的概念几乎可以应用于任何事物。MLB投手亚历克·米尔斯对此表达得十分精妙：

> 目标必须是切实可行的。很多时候，对我来说，它是一个在两周内可以量化并实现的目标。当你达成这个目标后，你会接着想："好，让我再设定一个。"两周后，你又实现了这个目标。如果你持续不断地堆叠短期目标，那么，最终，那个长期目标会变得比之前更加触手可及，也更具可行性。

设想一个你想要实现的长期目标，如加薪、减肥、获得唱片合约或者其他任何目标。为了更接近总体目标，你能设定哪些潜在的、可实现的短期目标？用亚历克的话来说，你将如何堆叠短期目标？你刚刚想到的这些例子展示了目标的个性化特征。然而，不同类别的目标之间也存在共性。

三种常见的目标类型

在一项著名的心理学研究中，伊丽莎白·洛夫特斯（Elizabeth Loftus）展示了一段车祸视频，并要求参与者估计两车"撞毁"时的速度。参与者估计撞车时的速度约为64.65千米/小时（40.8英里/小时）。虽然这一估计本身并无特别之处，然而，当另一组参与者被问及两车"接触"时的速度时，情况变得有趣起来。这一次，参与者估计两车的速度约为51.17千米/小时（31.8英里/小时）。这表明提问的方式（"撞毁"与"接触"）影响了答案。这个例子说明了语言精确性的重要性。

关于目标设定的成功与否，人们一直争论不休，其中一个根本原因可能是"目标"一词的含义多种多样。专注于研究顶尖表现者的学者乔·贝克，在与我们的谈话中表达了这样的观点：

> 这又回到了我们在"天赋"问题上面临的同样困境：我们该如何精准地定义我们正在讨论的这个概念呢？因为我怀疑他们并非没有设定目标。只是他们没有将目标设定视为传统的SMART（具体的、可衡量的、可实现的、现实的、有时限的）目标设定方式，或其他类似的过于简化、老套的目标设定方式。

现在我们将探讨之前提到的三种特定类型的目标，它们可以根据其范围加以区分，即结果目标、表现目标和过程目标。在介绍它们的定义之前，我想先简单说一下，追溯这些定义可费了我不少工夫。这些术语在数量可观的目标设定研究中频繁出现，但没有一篇文章真正定义过它们。不过，我最终还是找到了著名学者罗伯特·温伯格（Robert Weinberg）关于目标的研究成果。温伯格在其职业生涯中花了大量时间研究运动员的目标以及如何利用目标来提升表现。

就应采取的行动而言，这三类目标中最为笼统的是结果目标。顾名思义，结果目标指的是某事的"最终结果"（与成果相关的目标）。温伯格将其描述为"胜负成败"，但在此我们将赋予它更广泛的含义。具体而言，结果目标可以是达到某一特定体重、赢得一场艺术比赛或是完成一场马拉松。用本章前面的例子来说，大学毕业可被视为一个结果目标。你可能已经注意到，这些结果目标的实现时间跨度可能大不相同。例如，获得大学学位这一结果目标可能需要数年时间，而另一个结果目标则可能在数月内达成，甚至更快。

我们探讨的第二类目标是表现目标。温伯格将其描述为"个人的实际表现与其自身设定的卓越标准之间的关系"。这类目标让我们自问是否达到了期望的表现水平，以及是否需要努力提升自己的表现。你可能会问自己，是否应该将步行时间缩短3分钟，是否应该将销售额提高20%，或者每周多写20页书稿（纯粹是替朋友打听一下）。表现目标可以被视为对结果目标的一种具体化，比如，"我将把销售额提高20%，从而成为年度最佳销售员"。

最后是过程目标，它具有更高的具体性，关注的是你将要参与的具体过程。温伯格将这类目标描述为运动员"如何完成特定技能、展示特定技术或执行特定策略"，比如，在网球击球和回球时采用正确的姿势。不过，我们也可以从更广泛的意义上考虑过程目标。过程目标可以理解为你为实现特定目标而采取的具体行动，比如，将销售额提高20%（跟进所有潜在客户）、将步行时间缩短3分钟（保持水分充足、采用正确的姿势和改善饮食营养），或者多写20页手稿（安排固定的时间段，写下脑海中浮现的任何内容，以便后续进行编辑）。

你可能已经注意到，这些定义形成了一个层级结构。结果目标具有最广泛的范围；表现目标被用作一种机制，帮助我们更接近最终的结果目标；而过程目标也可以被视为实现表现目标乃至最终实现结果目标的手段。然而，这种层级结构并非是必需的。从理论上讲，这些目标可以独立运作。不过，将所有这些目标统一指向同一个终点，显然更具逻辑性和连贯性。在完成本章的"我要开始行动"练习时，请务必综合考虑这些不同层级的目标。

"我长大后想当法官"——目标的个性化本质

当法官从来都不是我的个人目标。你们当中有些人年少时可能确实有过长大后成为法官的梦想。就像任何类型的目标一样，目标本身以及我们实现目标的方式都是因人而异的。假设你已经确立了自己的最终目标——你想要到达什么地方以及想要完成什么事情。现在思考一下当下的情况。花些时间想一想要实现最终目标所需的步骤。请认真研究最后这些事情（本章末尾的"我要开始行动"练习会帮助你做到这一点）。这些就是你的子目标。它们的形式可以是本章前面介绍的表现目标、过程目标，甚至是多个渐进的结果目标。在你踏上这条道路时，在努力实现你为自己设定的目标时，确定适合自己的目标至关重要。做到这一点的方法包括：诚实地说出自己做得不好的地方（参见第十章），以及寻求对自身表现的反馈或批评（参见第十四章）。在本章中，我们不会对这些主题进行深入探讨，因为它们都有专门的章节。不过，我们要重申目标个性化的重要性。

直到最近，我们才意识到存在一批相当数量的研究者和实践者，他们明确反对目标设定。这一观点让我们颇感意外，因为目标设定一直是研究专家表现和培养专业技能框架中不可或缺的核心要素。提升自身能力的核心原则之一，就是明确当前的表现水平，并努力迈向目前尚未能达到的下一个水平。正如本章前面所述，我们将这一过程视为目标设定的重要体现。推测起来，反对目标设定的观点至少基于两个方面的考量。借鉴乔·贝克之前的观点，我们推测其中一个原因是，他们对学术领域中关于目标设定的僵化方法论存在异议。

事实证明，第二个原因大多与宏大而总体性的目标有关。比如，成为职业运动员或赢得波士顿马拉松比赛。奥运会金牌得主乔·雅各比（Joe Jacobi）在《精炼之路》播客中也表达了这种观点。鉴于前文对目标类型的讨论，这种观点是有道理的。如果没有实现目标的具体步骤（即表现目标或过程目标），那么，这些结果目标本身的价值是极为有限的。然而，我们对目标设定的理解远比通常的认知更为宽泛。例如，表达出想要上大学的意愿，或者计划做墨西哥玉米卷饼，这些都属于目标设定的范畴。

这些表述本身就是一种目标。它揭示了一个现象：一个人可能会声称自己从不进行目标设定，但同时却能够列出各种各样的个人目标。有些人可能会辩称，这些仅仅是一种计划或一种抱负。然而在我们看来，这并无本质区别。正如本书中探讨的其他概念一样，目标设定的核心在于明确你想要到达的终点，以及你想要完成的事情。至于如何抵达终点，你可以将其称为计划、步骤、愿景，或者任何其他名称。从本质上讲，它们都可以被归结为目标。就连"今天吃午饭"也算一个目标。

与目标有关的最后一个考虑因素是，成功能够积累动力，并催生新的目标。当你全身心地投入到某个领域时，你很可能会首次意识到新的可能性。正如我们在前面章节中提到的，阻碍人们进入某个领域的因素包括对技术意识的缺失以及资源的匮乏。在全身心投入某个领域之前，我们并不总是知道自己的目标是什么。随着你取得越来越多的成功，你很可能会向上调整你的目标追求。这种成功往往赋予我们对高效方法和潜在机遇的更深刻认知。你甚至可能会发现自己处于"把关人"的角色，决定下一代"有志者"中谁能获准进入你所在的领域。

本章总结

在本章中，我们介绍了有关目标设定的一些开创性研究，并探讨了设定目标对成为高表现者的影响。近来，目标设定的重要性受到了某些质疑。然而，我们应该更广泛地考虑目标设定问题，因为目标存在一些普遍的方面，我们认为这些方面是无可争议的。首先，你必须对自己想要实现的目标有一些大致的了解，从根本上说，也就是你要朝着哪个方向前进。其次，由于目标通常可以分解为更小的部分（子目标），这样做可以使总体目标看起来更容易实现。在如何定义和使用目标的问题上，有三种类型的目标似乎达成了最广泛的共识，即结果目标、表现目标和过程目标。使用这些分层目标可以使人实现个性化目标、衡量进展、获得动力，并最终确定新的目标。

📝 练习：我要开始行动

该练习旨在帮助你确定实现目标所需的步骤，以及如何采取这些步骤。练习的第1题要求你提供你所追求领域的一些要求。第2题则要求你对照这些要求，评估自己目前所处的位置，并制订实现目标的计划。

1. 你希望达成之事涉及哪些领域要求？

_____
_____
_____
_____
_____
_____

2. 根据上一题中提到的要求，反思你目前所处的位置。有哪些具体方法可以缩小你目前所处的位置与你希望实现的目标之间的差距？

_____
_____
_____
_____
_____
_____

10 第十章

Overcoming Obstacles and Finding Success

糖衣之下的真相：
正视自身不足

有时候，即使你和历史上最伟大的投篮手一起训练，也会遇到效果不佳的训练课。有些日子，球就是不那么听话，进筐的次数总是不如我们所愿。我们如何提升呢？我们必须深入探究。究竟是什么导致我们无法在训练中发挥出最佳的投篮水平？

——布兰登·佩恩

斯蒂芬·库里的篮球技能教练

《精炼之路》播客

真诚的反馈非常重要。然而，如今要做到这一点却颇为不易，因为当下的文化似乎已经发生了某种转变，人们倾向于对一切行为给予肯定。无论你做了什么，周围的人总是会说"你做得很好"，仿佛这就是大多数人的社交辞令。这可能会让人感到困惑。因为当你步入现实世界，开始求职时，如果突然有人告诉你，你的能力并不那么出色，你可能会难以接受。那么，你将如何应对呢？

——托马斯·埃斯特拉达

电影和电子游戏动画师

特伦特（Trent）曾是高中橄榄球界一颗冉冉升起的新星。高三那年，这位四分卫被授予了得克萨斯州"橄榄球先生"的称号。如今，他在一所大型州立大学打球，教练们认为，只要特伦特能改正比赛中存在的两个问题，即持球时间过长和站位不稳，他就会成为无可争议的首发球员。然而，在高中时传球距离接近5000码（1码≈0.914米）的特伦特并不愿意改变自己的打法。大二那年，他转学到了另一所学校，但始终未能成为首发球员。如今，特伦特在家乡经营着一家园林公司。特伦特的例子说明了大多数人在正视自身不足以及由此带来的毁灭性后果方面表现出的不情愿和/或存在的认知盲点。这种认知盲点的出现频率之高令人吃惊。事实上，在你发现自己的认知盲点如此之大时，你可能会感到震惊。接下来，我们将剖析导致这些认知盲点的一些心理因素。

"我在这方面很在行——至少比大多数人强"

　　你觉得自己的驾驶技术如何？你认为自己的驾驶技术是中等水平还是高于中等水平？如果你和大多数人一样，你会说自己是优于平均水平的司机，即便你最近刚出过车祸。事实上，几乎90%的受访者都宣称自己是优于平均水平的司机。这不仅让人难以置信（尤其是如果你最近还在公共道路上开过车的话），而且这与统计学的规律也不相符。当某件事情被认为呈正态分布时，它的形状就像一口钟，也就是我们常说的钟形曲线。在你决定跳到下一节或下一章之前，让我们用通俗易懂的语言来解释一下这个问题，因为我们在本章的前面讨论的是统计数据。

根据美国国家卫生统计中心（2024年）的数据，美国女性的平均身高约为161.3厘米（5英尺3.5英寸）。显然，并不是每个女性的身高都是161.3厘米，只要在人群拥挤的地方转一转，你就会发现有各种各样的身高。实际上，我们知道，美国国家经济研究局统计出的身高标准差为5.59厘米（2.2英寸），因此，我们也知道，美国68.2%的女性身高预计在155.71厘米（5英尺1.3英寸）至166.89厘米（5英尺5.7英寸）之间。其中，身高在161.3厘米以上的占34.1%，身高在161.3厘米以下的占34.1%。这整整68.2%的女性代表了我们认为的"平均"范围。由于我们习惯于将"平均"理解为一个具体的数值，例如这个例子中的161.3厘米，因此很容易忽略"平均"实际上是一个范围。以智商分数为例，许多常见的智力测试分数，比如韦克斯勒成人智力量表，是通过一种特殊技术计算得出的，使得100始终被定义为平均智商。然而，所谓的"平均"智力水平实际上是通过加上或减去标准差（通常为15）所形成的范围来体现的，这意味着85~115才被认为是平均智商分数的典型区间。

回到"身高"这个例子，你们中的一些人可能会对特别矮或特别高的人感到好奇。他们也是有代表性的，只是人数较少而已。在任何呈正态分布的事物中，越是接近极端值，其数量就越少，如智商超过145的天才或身高达到178.07厘米（6英尺1.6英寸）的女性。这些极端值位于平均值之上两个标准差的位置，身高超过99.9%的女性，或者智商超过99.9%的人。这在相反的方向上也同样适用，如身高低于160.12厘米（4英尺11.1英寸）的女性或智商低于70的人相对较少。

这又让我们回到了司机的例子。对于任何真正符合钟形曲线分布的事物，只有15.8%的部分是优于平均水平的。这是无可争议的事实。然而，我们大多数人往往认为自己在生活的某些方面，甚至可能是很多方面，都优于平均水平。例如，近2/3（65%）的美国人认为自己拥有优于平均水平的智力。然而，从统计学角度看，实际上只有排名前15.8%的美国人真正优于平均水平。有研究发现，94%的大学教授认为自己优于平均水平，这一发现总能引发同事们之间心照不宣的微笑。然而，现实情况是，大多数人或许还是会回归到自己的惯性思维中，坚信自己不属于那些高估自己实际表现或地位的人。

这种现象最初被称为"优于平均水平效应"，后来人们发现这种现象非常普遍。例如，美国大学理事会（College Board）在20世纪70年代末对100多万名高中生进行了一项现在已经成为经典的调查，只有2%的学生认为自己的领导能力低于平均水平，有70%的学生认为自己的领导能力优于平均水平；只有6%的学生认为自己的运动能力低于平均水平，但有60%的学生认为自己的运动能力优于平均水平。看来，我们非常不擅长评估自己的能力以及相对表现。对这种思维方式的深入分析，最终发展成了如今广为人知的邓宁—克鲁格效应。

邓宁—克鲁格效应的概念最终进入了主流视野，你很可能在学术讨论之外听到过这个概念。最初的研究发现，我们中的大多数人都高估了自己的实际表现能力。贾斯汀·克鲁格（Justin Kruger）和戴维·邓宁（David Dunning）让康奈尔大学的学生估计自己在完成一系列任务（如语法和逻辑任务）方面的能力。除了表现最好的学生，其他学生都高估了自己的表现。重要的是，表现最差的学生估计自己的表现会远优于平均水平。在一项对原始研究极具说明性的变体实验中，学生们在考试前被问及，一旦考试成绩出来，他们觉得自己在班级中的排名如何。他们的预测都在百分位排名的较高区间，即每个人都估计自己的成绩会接近榜首。除了成绩最好的学生，其他人都高估了自己的成绩。成绩最好的学生则略微低估了自己的成绩。这正是最初研究邓宁—克鲁格效应的经典实验之一。

当我们说邓宁—克鲁格效应进入了主流视野时，它并非浅尝辄止，而是以一种极为轰动的方式做到了这一点。在心理学领域深耕数十年，我们深知，当一个概念开始出现在那些并非每日与之打交道的普通人的日常对话中时，它就已经真正"火"了。邓宁—克鲁格效应已跻身于那些渗透进大众文化的心理学概念之列，与情境意识、"1万小时定律"、成长型思维模式和认知失调等概念并驾齐驱。通常，当这种情况发生时，一个概念的原意就会被淡化，甚至完全丧失。关于邓宁—克鲁格效应的一个有趣的考虑层面是，即使我们意识到这个概念和这种确切的风险，我们仍然倾向于高估自己的表现。你可能确实认为自己是个优于平均水平的司机，但成千上万（甚至数百万）的其他读者也这么高估自己。

然而，我们必须记住，实际上只有少数人能高于（或低于）平均水平。据统计，我们当中有2/3的人在各种事情上处于平均水平。其余的人则分为高于（或低于）平均值一个标准差或两个标准差。正如你可能已经意识到的那样，高于或低于平均值一个标准差与两个标准差之间的差异也可能导致显著的不同。回想一下之前的讨论，这相当于处于前15.8%与处于前0.1%之间的区别。这可以转化为"明显聪明"与"真正天才"之间的区别。

实际表现与自我评估——是先有鸡还是先有蛋？

正如前一节所述，有关邓宁—克鲁格效应的一个关键发现是，大多数学生高估了自己的实际表现。在某些情况下，这种高估"微乎其微"；而在另一些情况下，这种高估则"相差甚远"。然而，一个通常较少受到关注的研究结果同样耐人寻味。特别是，表现最好的群体略微低估了自己的实际表现。显然，这与低表现者的表现形成了鲜明的对比，后者一贯高估自己的地位或能力。正如你在本章至此所了解到的，这一高表现群体也仅在所有表现者中占很小的比例。这就引发了一个有趣的经验性问题：擅长评估自己的表现是否会增加成为顶尖表现者的可能性？还是说，成为顶尖表现者之后，你才能通过比较自己的表现来更好地评估他人？有两项研究或许能为我们提供一些洞见。

研究人员在调查外科实习医生对其自身技能评估的准确性时发现，与实际表现相比，这些实习医生普遍低估了自己的能力。在继续讨论之前，我们先对这一发现稍做说明。尽管这种低估的表现与基于邓宁—克鲁格效应的大多数讨论中对低表现者预期的高估表现明显不符，但考虑到这一群体（他们在高度专业化、复杂且极具挑战性的领域取得了成功，本身就代表着卓越成就和高度选拔性）很可能就是那些会低估自身能力的高表现群体，正如在一些最初的邓宁—克鲁格效应研究中发现的那样。他们确实是倾向于低估自己表现的顶尖表现者。正如研究人员指出的，这些实习生即使将自己的表现定位在较高水平，仍然可能低估自己的实际表现，这类似于在邓宁—克鲁格效应的传统例子中，预测自己考试得95分，结果却得了

100分。

值得注意的是，表现最佳的实习生在自我评估时往往比表现稍逊的实习生更为严格。自我评估最为准确的实习生进步最大，这表明自我评估的准确性更高可能是最终导致表现更佳的机制之一。如果真是这样，这将代表一个潜在的可训练的成分，也意味着他们能够识别自己的"薄弱环节"，并找到改进的方法，而且这些方法可以传授给其他人。

另一种解释是，顶尖表现者尚未充分认识到自己的能力。这与邓宁—克鲁格效应的最初发现相契合：个体对自身表现的预估大致保持平稳，而观察到的差异主要源于实际表现的不同。在研究人员暂时转向创造力领域时，他们发现了一个有趣的分化现象。当不同年级的学生被要求先估计自己的创造力，随后再接受创造力测试时，尽管测试结果显示超过一半的参与者缺乏创造力，但其中只有一半的人意识到这点。更有趣的发现是，近一半的参与者（44.3%）实际上具有创造力，但却没有意识到这一点。研究人员给这一群体打上了"有技而不自知"的标签。总体来看，这些发现符合邓宁—克鲁格效应的一般模式，因为在这个例子中，只有1/4的学生能够准确地估计自己的能力（创造力）。然而，实际上具有创造力而不自知的参与者人数之多，不禁让人产生疑问：这种低估现象究竟有多普遍？究竟是哪些因素会影响一个人对自己表现水平的判断准确性呢？

我们不擅长自我评估，接下来怎么办？

正视自己的不足之处，至少有两个层面与高水平表现密切相关。第一个层面是意识到大多数人倾向于高估自己的表现，这就是本章前面提到的邓宁—克鲁格效应。这种自我认知或许无法完全阻止你高估自己的表现，但它可以引导你去寻找更有效的方法来深入了解自己的真实表现。我们将用一章的篇幅介绍如何积极寻求反馈和批评（参见第十四章），但在这里也会先介绍一些相关的考虑因素。

在医学培训领域的研究中，凯文·伊娃和格伦·雷格赫（Glenn Regehr）对相关问题进行了深入且富有洞见的分析。尽管整个分析都发人深省，但其中有一些关键点与我们的讨论最为相关。这两位专家提醒我们，任何人都可能受到这种评估偏差的影响，并建议我们将其视为一个"我们"的问题，而非"他人"的问题。换句话说，我们往往容易高估自己的表现，而忽视了实际表现与自我认知之间的差距。这并非仅仅是通过干预手段来促使某人提高自我评估能力的问题。相反，他们主张，培训和教育体系应将评估机制内嵌其中，使评估成为该体系不可或缺的一部分。此外，他们还强调，应尽量减少单纯依赖自我评估指标的做法。正如他们指出的："实验研究得出的结论是，人类在自我评估方面通常表现不佳。这仅仅表明我们在自我评估时往往不准确，因此不应依赖自我评估来提供有效的能力证明"。

尽量减少自我评估的使用看似是一个极端立场，所以最好加上"至少目前如此"和"作为唯一的衡量标准"这样的限定语。正如我们已经证实的那样，我们不太擅长评估自己的表现，尤其是在没有其他外部佐证的情况下。伊娃和雷格赫也指出，我们对自身表现的感知是一个连续的过程。我们可能在某些事情上对自己做得如何（好或不好）非常敏感，而在其他事情上则可能完全摸不着头脑。伊娃和雷格赫引用了一个例子：有人说自我评估很容易，因为他们知道自己永远当不了职业运

第十章 糖衣之下的真相：正视自身不足

动员。他们指出，这种观点恰恰反映了上述连续过程中最为显而易见、容易判断的部分——成为职业运动员的概率本就微乎其微。因此，这种判断并不需要高超的自我评估能力。真正让我们感到困惑的是那些更微妙的判断。例如，你上次的演讲或报告表现如何？有一次，一位面试官在我做完工作演讲后问我演讲表现如何。虽然我的回答是"表现很好"，但我的真实想法是："我表现好不好，难道不是你们说了算吗？"

然而，许多情况都提供了其他方式来说明你做得如何，包括某种类型的外部反馈，如病人病情稳定、对方球员无法回接你的网球发球或论文导师的点评。在讨论"优于平均水平效应"时使用的例子最容易造成误判。比如，作为司机或教授的相对排名。这类判断往往基于一些模糊的衡量标准，如车祸发生的频率或学生的反馈。遗憾的是，这些衡量标准仍有很大的解释余地，而且这些解释往往并不靠谱。因此，我们建议承认自己可能在某些方面表现不佳，并积极寻找其他反馈渠道以进一步评估自己的表现。同时，你应当在初步评估之后继续关注自身表现，通过持续获取反馈来不断完善自我认知。我们将在第十五章中进一步深入探讨这一话题。

"我要真相——别美化，请直言！"

在篮球比赛中投出第928次罚球，或者在U形池中第56次摔倒，这些场景能够提供一种直观的反馈。然而，正如我之前提到的工作演讲一样，有些情况下，你根本不清楚自己究竟表现如何。可能是因为你刚刚踏入这个领域，还不熟悉那些表现好坏的信号；或者是因为竞争水平太低，让你无法从更宏观的角度判断自己的表现。我们确信，你们很多人在玩电子游戏时都曾感到尴尬，因为你在与电脑对战时表现不错，但遇到技术高超的人类对手时却败下阵来。有人曾分享说，他在家乡被认为是当地出色的足球运动员之一，因此对自己的表现相当自信。直到他的表兄弟们从一个足球文化更为深厚的国家回来并登门与他切磋时，他才意识到自己其实并不擅长足球，至少没有他想象中那么出色。

识别出自己哪些方面做得不够好，是迈向更高水平乃至顶尖水平的关键之一。我们在第八章中已经提到，相较于中等水平的花样滑冰运动员，顶尖选手会花费更多的时间来练习他们不擅长的部分。第八章的讨论旨在表明，不要因等待一切尽善尽美而让自己停滞太久。然而，另一个方面，在着手改进之前，你必须能够识别出那些通常被称为"薄弱环节"的方面。如何获取恰当的反馈是第十四章的主题。不过，当我们承认自己哪些方面做得不够好时，这其中还涉及一个心理层面的因素。

如果我们能够看到自己的"盲点"，或者通过其他反馈认识到自己在某些方面做得不好，这可能会让我们感到不舒服。在某些情况下，这可能会导致我们不得不重新评估自己接下来的行动。然而，正如我们之前提到的，顶尖表现者更倾向于针对自己的弱点进行提升，这完全合情合理。你在一个领域的某项任务中有稳定且高水平的表现后，就可以将注意力转向自身表现中的薄弱环节。只要你没有完全忽视自己原本擅长的部分，通过专注于这些已识别的弱点，你仍将持续进步。

你也可能会达到这样的表现水平：旁观者会觉得你对细节的打磨已经有些过度了。斯蒂芬·库里的私人技能教练布兰登·佩恩在《精炼之路》播客中提供了一个关于这种精进的绝佳例子："你必须在精神上足够坚韧，能够每天剖析自己的表现，找出事情顺利或不顺利的原因。而这正是进步的重要组成部分。所以，这就是渐进式改进的理念。"

布兰登关于持续精进的例子应该能激励我们每一个人。它表明，即使是顶尖的表现者，仍在努力提升自己可以改进的地方。你们中的一些人可能会因为这种听起来永无止境的过程而感到气馁。然而，不妨将其视为一种激励，看看你还能取得多大成就。我们鼓励你学会坦然面对那些难以接受的真相。正视自己的不足之处，并制定相应的策略去改进。第十五章将专门探讨如何寻求反馈以及一些你可以用来评估表现和干预措施有效性的具体策略。

本章总结

在这一章中，我们介绍了关于人们在评估自身表现时表现得多么糟糕的研究，以及这种认知盲点会如何阻碍我们成为顶尖表现者。大多数人认为自己在大多数事情上都优于平均水平，如驾驶能力、智力。然而，这种评估与现实不符，因为从统计学角度来看，我们当中优于平均水平的人数是有限的。这种"优于平均水平效应"演变成了著名的邓宁—克鲁格效应，即表现欠佳者往往意识不到自己表现不佳。这种现象在一定程度上是因为我们往往不寻求反馈，或者即便收到反馈也不承认。顶尖表现者会积极寻找自己做得不好的地方，并努力加以改进。因此，我们大家都应该认识到尽可能多地征求反馈意见的重要性，包括那些表明我们目前做得不好的证据。

📝 练习：我真的很不擅长……

该练习旨在帮助你找出自身表现中有待提升的方面，并习惯于寻找改进的空间。练习的第1题要求你指出一些自身表现需要改进的地方。第2题则要求你提出一些可能的改进方法（可以和第九章的"我要开始行动"练习相结合）。

1. 请指出3件（或更多）你做得不好或可以做得更好的事情。

_____
_____
_____
_____
_____

2. 回顾你在第1题中指出的那些有待改进的方面。有哪些具体的办法可以让你在这些方面有所提升？

_____
_____
_____
_____
_____

11

Overcoming Obstacles and Finding Success

第十一章

不给休息或恢复留时间：
把休息当作头等大事

> 但是，如果你没有休息好，你就会做出糟糕的决定。你的判断力会失灵。
>
> ——沃尔特·洛德（Walter Lord）
> 美国陆军退役少将

> 默认情况下，人们总是会去思考并优先考虑训练，而不会去考虑休息和恢复。尤其是在心理层面，这一点常常被忽视。所以，如果你是一名运动员，你更有可能会考虑在休息日进行冰浴、使用泡沫轴放松、减少站立时间、按摩，或者进行一些非常轻松的运动来让身体活动起来，诸如此类的事情。但你可能不会考虑在休息日尽量避免去训练场地，或者在休息日一整天都尽量不和队友待在一起。
>
> ——戴维·埃克尔斯（David Eccles）博士
> 教授，研究专家表现和休息课题的世界知名学者

约翰（John）来自一个世代务农的家庭。祖父在70多年前买下了约翰如今耕种的土地，此后这片土地一直归家族所有。该农场占地600多英亩（1英亩≈4046.86平方米），但至少有1/4的土地目前处于休耕状态，这是为了在预定的期限内让土地得到休养，从而使土壤中关键的养分得以补充。这种休息对于土壤的长期健康和可持续性至关重要。同样，我们的身体和心理健康也需要这些专门的休息和恢复期。本章将聚焦于休息的重要性、如何进行休息，以及未能将休息纳入日常生活所带来的后果。

"休耕"这个与人类表现相关的概念可以被视为"休息"之意。"休息"是专家研究文献中常被忽视的一个要素。尽管安德斯·艾利克森等一些早期研究者将"休息"誉为成为世界级表现者的关键要素之一，但它并没有像其他要素（例如，练习的类型或练习的时长）那样受到广泛关注。有大量证据表明，对于任何追求卓越的人来说，休息都应是优先考虑的事项。例如，对于大多数专业人士而言，分配给写作这种高强度脑力劳动的时间应限制在1~4小时，并且世界级表现者通常会有日常小憩的习惯。当"长时间投入大量工作"的理念开始受到追捧时，休息的重要性通常被排除在讨论之外。每当所谓的"1万小时定律"（参见第一章关于这一时长实际上相当多变的讨论）开始逐渐成为日常讨论的话题时，我们很少甚至从未听到过关于休息作为成功方程式中重要一环的价值。尽管如此，休息仍然是成为顶尖表现者的关键因素。

身体在呼唤休息，你为何不稍作停歇？

"休息？要是我休息了，就没时间完成待办事项清单上的所有事情了！"这听起来像你吗？或者像你认识的某个人？又或者是恰恰相反，你觉得自己有太多事情要做，所以休息是为了逃避工作？不管怎样，我们的身体可能在告诉我们：是时候休息一下了。你会如何回应？我们希望你能抽出时间休息或恢复精力。然而，休息的概念可能有点棘手。对我们许多人来说，休息并非易事。我们可能会觉得休息会让我们落后更多。不过，还有些人可能没有意识到休息不仅仅是身体上的放松。当我们身体疲劳时，要读懂这些迹象并不难。我们的步伐可能会变得缓慢，或者我们的表现会明显下降。忽视身体疲劳的信号可能会导致身体崩溃，我们很多人都见过这样的场景：马拉松选手笨拙地向终点线挪动，因为他们的四肢不再听从大脑发出的正确指令。那位马拉松选手甚至可能躺在地上，爬向终点线。与身体疲劳相比，心理和精神疲劳往往不那么明显，但同样重要，值得我们去察觉。

戴维·埃克尔斯博士是研究专家表现和表现心理学领域的知名学者，还曾与国际上的运动员合作。他广泛开展研究工作，旨在帮助我们更好地理解顶尖表现者在不同领域如何发展技能，以及我们能从他们身上学到什么，从而有可能将其应用于训练。这些努力包括尝试让所提出的用于理解专家表现的工具尽可能方便易用。

在从事学术研究的过程中，埃克尔斯博士意识到，"休息是训练过程的一部分"这一理念常常被忽视。虽然身体休息和睡眠对于巩固记忆、学习以及其他生理过程至关重要，但精神休息却很少被提及。当许多人听到休息这个词时，他们可能会想到小睡一会儿或者在篮球比赛中喘口气。然而，精神休息同样至关重要。回想一下，成为高表现者的过程对身心都是极大的考验，但即便面临如此高强度的付出，休息也未必会被优先考虑，因为表现者可能会担心落后于竞争对手或者惹恼教练。这也是埃克尔斯博士强调要把休息提升到与成为高表现者的其他要素同等重要地位的原因之一。正如埃克尔斯博士及其同事们指出的，在研究高表现者的早期阶段，休息就被视为一个核心要素。

你或许已经体验过优先考虑休息或恢复的好处，比如，去水疗中心放松一天，或者随便给自己放个"心理健康假"。这些通常都能在一定程度上让人恢复精力。值得庆幸的是，有多种方式可以从自发的休息中获益。例如，你可以通过参与一些无须专注思考的日常活动来让大脑得到放松，这对你来说可能是玩电子游戏，对别人来说可能是画画。顺着这个思路，当埃克尔斯博士询问运动员休息对他们意味着什么时，常见的回答是休息就是远离运动，或者不思考与运动相关的事情。

精神休息可以被视为一种因人而异的心理状态，对应着每个人的主观感受；因此，没有一个统一的定义或体验能告知人们应该在何时进行精神休息。然而，有一些警示信号表明你可能没有发挥出最佳状态，你的精神状态也在提示你需要休息了。让我们以妮基（Nikki）为例。妮基意识到自己总是感到疲倦，缺乏继续做手头事情的动力，她很少付出努力，在过去喜欢的事情上也越来越找不到乐趣。她搞不清楚是怎么回事，但当她开始和家人谈论此事时，他们告诉她，这是她需要精神休息或恢复的信号。但精神休息是什么样子的呢？构成精神休息的方式可能因人而异。例如，对艾米丽（Emily）来说,精神休息可能是坐在躺椅上,背景里播放着她最喜欢的电视节目,她不会积极地参与任何事情;而对凯文(Kevin)来说,精神休息可能是去大自然中散步。律师丹内尔·怀特赛德(Dannelle Whiteside)分享说,对她而言:

> 自我照顾,每一天都有不同的模样。除了繁忙的工作,我还要照顾一个大家庭。我并不总是能够去享受按摩之类的放松服务。但我可以说:"嗨,我会每天抽出时间写日记、冥想,做这类事情。"

因此,如何选择适合自己的休息与恢复方式,需要你自己去探索并验证其有效性。尽管具体的休息方式会因人而异,但我们仍然可以探讨一些关于精神休息的共性。

"但我这个周末没去锻炼!"——关于精神休息的考量

目前,将休息重新纳入高水平表现发展体系的尝试仍处于起步阶段。相关研究大多聚焦于运动员的精神休息,但这些策略完全可以推广到体育之外的领域。埃克尔斯博士及其团队总结了六种休息方式,这些休息可以帮助我们让大脑放松、变得清醒,从而实现精神上的恢复:①暂时放下对工作、学业或运动的持续思考;②摆脱费力的思考;③不再让工作、学业或运动"绑架"你的生活;④打破日常生活的单调;⑤利用休息时间完成重要任务;⑥在工作、学业或运动之外,拥有自己的个人生活。

我们需要学会在心理上从学业、工作、运动或其他任何我们长期参与且可能成为压力源的事务中抽离出来。仔细想想，即使是那些最初让你感到愉悦的活动，在持续高强度投入的第九个月时，也可能成为你的负担。这种过度投入可能会让你陷入其中，以至于你总是忍不住去思考与之相关的事情。这就是"心理抽离"的重要性所在，它指的是我们能够让自己从所沉浸的事物中暂时脱离出来。用"电源开关"的比喻来说，这种心理抽离就像是在大脑中按下"关闭"按钮。它不仅能帮助我们从持续的紧张状态中解脱出来，还能为我们的身心提供必要的恢复空间，从而避免过度疲劳和倦怠。

问题在于，我们大多数人至少在某些时候，很难做到真正"关闭"自己的思绪。这可能表现为在本应是休息时间的时候，还在思考需要完成的事情，或者琢磨如何提升自己的表现。或许我们需要练习"关闭那个时刻触发责任感的开关"。然而，说起来容易做起来难。我曾多次在夜里辗转反侧难以入睡，只因一个念头闯入脑海，继而引发所有需要完成的相关事情纷至沓来。你或许也有过类似的经历。有人曾跟我说，只有当你在洗澡过程中还在琢磨某个项目时，它才真正属于你。因此，我们很难真正做到心理抽离。

如果我们在某个特定时间段内觉得自己没有完成本应完成的所有事情，那么做到这一点（指心理抽离）可能会尤其困难。然而，重要的是要记住，如果我们把自己逼到"掏空自己"的地步，就无法产出高质量的工作成果。从长远来看，我们甚至可能会给自己制造更多的工作，因为当我们不在最佳状态时，需要付出额外的努力，并且可能会出现由于精力不足而导致的潜在错误，而这些本可以通过最初就把休息纳入日程来避免。我们的同事中，那些专注于工业与组织心理学的专家们，常常强调工作与生活平衡的重要性，而这本质上也是第一点要传达的核心信息。如果你能够掌握那个"开/关",那么,在工作、学习或参加体育活动时,就把它切换到"开"的状态,而一旦你离开校园或运动场地,就把它重新切换到"关"的状态。

但是,我们很难关闭"大脑中的开关",尤其是当我们一直在为一个目标而紧张工作时。无论是在工作、学习还是在赛场上,我们都很容易抱有这样一种心态:为了成功,做什么都是应该的。当你努力在世界舞台上竞争时,这种情况尤为明显。在为撰写本书而采访埃克尔斯博士时,他提到,当NFL球员被问及休息对他们意味着什么时,他们表示,休息就是远离这项运动,或者不思考与运动相关的事情。这是一个典型的例子,展示了前文提到的"心理抽离"可以通过避免费力思考来实现,无论你思考的是你的运动队的事情、工作还是学业。有时,这种抽离可以简单到让自己沉浸在一本好书、一部电影或一项爱好中。我们听说过园艺被称为"泥土疗法",因为你的思绪焦点可以愉快地局限于手头的任务,比如决定何时修剪枝叶或调整土壤,这些事情会占据你的思绪。减少费力思考的一个具体方法就是正念。研究人员发现,当我们练习基于正念的技巧时,我们能够从工作中抽离出来,对工作与生活平衡的满意度会提升,并且随着时间推移,心理上的冲突也会减少。

我们都曾相信或被告知,在人生的某个阶段,学业、工作或运动应该是第一位的,这样我们才能全力以赴。然而,这种思维模式本质上是让任务来控制我们,无论是明示还是潜意识。在这种模式下,我们可能会被截止日期、目标、任务或会议所左右。它可能会吞噬我们的思想,让我们感到一种不健康的义务感,觉得必须达成目标并赶在截止日期之前完成任务。如果我们未能达成目标或错过截止日期,就会担心自己被视为失败者，甚至自己也觉得自己挺失败。培养自己从事一些感兴趣的活动，比如绘画、在大自然中漫步或聆听音乐，能够让我们在精神上得到放松，因为此时我们的大脑不再专注于那些被优先考虑的截止日期或其他任务。

在与表现优异的学生交谈时，我们发现许多学生都会借助这类创造性活动来放松身心。他们体会到，从学习中抽身出来，专注于其他事情，实际上有助于提高学习能力，增强学习动力。要做到这一点，你可以安排一个休息日，甚至一天中的一大块时间，专门用来做一些你喜欢的事情，而这些事情并不是你的日常工作。摆脱由于截止日期或日常惯例带来的那种受控感可能是个难以突破的障碍，但一旦我们找到适合自己的方法，就可以将其纳入日程安排，从而发挥出最佳水平。在采访黑城唱片公司（Black City）多才多艺的艺人经理人兼运营经理贾斯汀·考西时，他提出了一个非常精辟的观点：如果自己在这些时刻都无法做到全身心投入，那么就很难为他人做到全力以赴。这又是休息至关重要的另一个原因。若想发挥出最佳水平，我们需要在身心两个方面都得到充分的休息。

同样，我们的日常生活也可能单调乏味。诚然，有些人喜欢规律的日常安排，但日复一日的训练可能会让人感到疲惫不堪，尤其是那些渴望达到世界级水平的运动员。考虑到这一点，埃克尔斯及其同事建议，我们可以用多种方式打破这种单调，比如变换活动、地点和人员。让我们将这一思路应用到我们这样的作者主要工作的领域，即学术界。学术工作者通常从周一到周五遵循相同的日程：他们来到校园，待在办公室、在实验室做研究或每天上课。许多研究人员还感受到一种压力，觉得需要在周末也保持高效的工作状态。这种单调的日常安排可能会在某个时刻导致倦怠，有时甚至在学期过半之前就会出现。在这种情况下，改变地点和交往的人群可能比较困难，但改变活动内容却是相对容易的。例如，你可以利用午休时间去散步，或者和一个非工作相关的朋友一起吃午饭，而不是像往常一样在办公室里吃饭。

学生们可以走不同的路线去上课，留意周围的环境，或者在每堂课上结识新朋友，从而扩大自己的社交圈。虽然你在课堂上总是和同样的人在一起，但不同课程的同学通常是不同的。对于运动员来说，他们可以轻松地调整这三个方面。例如，他们可以不参与或不去思考运动的事情，而是读些有趣的书，开车走不同的路线，去从未去过的地方一日游，或者和队友以外的朋友一起出去玩。这些例子中的每一种活动都是实现一定程度精神放松的方式。请试一试其中的一些方法，也请花一些时间想想你可以做些什么来打破日常工作的单调。我们采访过的博士研究生泰勒·蒂姆斯提到，像去健身房、和朋友出去玩以及与人相处这样的自我照顾方式，也是他放松和恢复精力的方法。对他而言，独处会让他的思绪漫无目的地游荡，反而让他感觉更疲惫。这凸显了一个事实，那就是每个人的休息都有不同的表现形式，并没有一个放之四海而皆准的定义。

还记得我们之前提到的那些可能会在潜意识中控制我们的截止日期吗？其实，有时能够赶上重要的任务进度本身就是一种心理上的休息。截止日期会让我们感到压力，尤其是当我们觉得自己无法及时完成任务时。在这种情况下感到焦虑不安，与我们所期望的心理放松状态背道而驰。如果我们能逐步攻克待办清单上的任务，开始一项项地完成，就能消除一些压力源，从而卸下那些压在肩上的"心理重担"。截止日期和最后期限对我们所有人来说都再熟悉不过了。而且，我们的截止日期和责任义务不仅限于工作、学习或培训。我们中的许多人还肩负着家庭责任，这可能会使我们在截止日期内的工作变得更加复杂。或许这听起来与实现心理放松的目标相悖，但利用一天中的碎片时间来处理待办事项，其实是一种有效的方法。哪怕每次只有15~20分钟。起初，你可能会觉得这一天变得更加紧张忙碌，但通过逐步完成任务，你最终能更从容地应对更多截止任务，因为你已经在不知不觉中清理了一些积压的任务。另一种方法是在"休息日"专门划出一段时间来处理一些项目。比如，每月的某个周六安排一个四小时的时间段。我会将这种策略留到最后，用于那些似乎无法控制的任务清单。

最后一种休息体验在于能够在工作、学业或运动之外拥有个人生活。如果在工作、学习或运动之外，我们无法拥有社交生活，这不仅会给我们自己，也会给我们周围的人带来挫折和压力。"自我照顾"课题的研究人员将我们生活中的工作部分称为"职业自我"，而与之相对的"个人自我"则是指工作场所之外的个体。自我照顾的一个重要方面是确保我们在职业自我和个人自我之间保持平衡。当无法将这两种身份充分区分开时（包括即将讨论的倦怠状态），问题就会出现。埃克尔斯及其同事们建议，我们应该为个人活动安排专门的时间。如果我们将这些时间纳入日程安排，它就会在我们繁忙的日程中占据一席之地，从而减少我们的挫败感，进而让我们感觉更加放松。

安排休息时间的想法是艾米丽的朋友和同事向艾米丽提出的。她从不为自己的私人生活腾出时间，总是把工作放在首位。这导致家庭压力增大，因为她没有关注自己和家人，而是把精力都放在了工作上。她清楚自己有诸多任务要在规定时间里完成，她不想让其他人失望，而且她觉得如果自己不干，事情就完不成。有那么几年，她在学期第一个月结束时就已经筋疲力尽。她没有真正地进行心理上的休息，还以为自己一周里频繁小睡几次就足够了。现在，她已经意识到把工作和家庭生活分开是多么重要，所以她尽可能不在家加班，也尽量避免工作到下午五点以后，以此来划清工作与生活的界限。此外，她还意识到需要在日常生活中安排一些与工作无关的活动。需要提醒的是，这些活动因个人喜好而异。比如，锻炼、绘画、演奏或聆听音乐，或者任何与工作无关的活动。

本节中讨论的所有建议都需要付出努力去落实。你很可能因为投入了时间和精力而在某些方面取得了优异的成绩。希望现在你已经知道了精神休息需要做些什么，可以制订并实施一个计划以确保你得到所需的身体休息和精神休息。一旦你发现了适合自己的方法，就可以根据需要进行调整。例如，罗德尼·阿特金斯的鼓手凯文·拉皮洛就学会了如何做到这一点。谈到休息时，他指出：

> 所以，这是很久以来我第一次优先考虑给自己放个假，让自己承认感到疲惫是正常的，从忙碌奔波中抽离出来也是必要的。这已经成为我的一大优点：我知道什么时候该停下来，让自己喘口气。

我们可以推测凯文是在强调重视身心休息的重要性。接下来我们来探讨一下不重视休息会带来的一些负面后果。

"我讨厌这样！"——倦怠的负面影响

我们已经讨论过得不到充分休息的一些心理后果，但最有害的后果可能是倦怠。身体和精神得不到充分的休息，可能会导致我们对与实现目标相关的一切事物感到力不从心或毫无兴趣，这就是倦怠。倦怠可以被视为由于在学校、工作或体育运动中长期处于压力状态而产生的一系列症状。研究人员对有关倦怠的文献进行了系统回顾，发现倦怠会对我们的身心健康造成有害影响。倦怠在心理健康方面的常见表现包括情绪衰竭、精力耗尽、情感疏离、自我效能降低以及应对能力减弱。倦怠还可能导致抑郁、睡眠问题以及药物滥用。令人沮丧的是，萨尔瓦吉奥尼（Salvagioni）及其同事发现，倦怠会导致失眠率上升，从而进一步使身体和精神的休息水平下降。这实际上意味着，休息不足会使人陷入一种煎熬的状态，而这种状态会使这个备受煎熬的人更难获得充足的休息。

倦怠因其破坏性而备受诟病，这一名声可谓实至名归。倦怠可能会使那些有抱负的表现者偏离轨道，要么彻底放弃（参见第五章），要么因长时间的停滞而失去动力（参见第十二章）。职业倦怠还可能在一定程度上降低整体工作积极性，要么是出于个人选择，要么是因为职业倦怠的症状使其无法继续努力。然而，研究人员发现了一个令人鼓舞的现象：短短十分钟的休息时间，也能有效缓解护士群体的倦怠感。这些短暂的休息可以轻松融入任何人的日程安排，哪怕只是用来放松一下，不去关注任何压力源，或者仅仅是起身走走，暂时离开办公桌。在我们的日程中加入这一简单的环节，或许能够显著减轻甚至完全避免倦怠的负面影响。

然而，我们必须再次承认，本章中描述的帮助你获得足够休息的技巧，需要你投入精力去实施。这些努力包括优先安排休息时间，并严格遵守你的安排。你还需要提前确定一些你认为适合自己的休息方式。一旦选定了可能有助于放松的活动，就要确认你的选择是否适合自己，也就是说，这些活动是否让你感到精力充沛，并且帮助你屏蔽那些来自你想要逃避的那个领域的干扰性思绪？你可能需要像努力提升表现一样，对你的休息计划进行调整和完善。再次引用埃克尔斯博士的话，我们需要重新将休息视为提升人类表现的诸多因素中同等重要的一环。

本章总结

在本章中，我们讨论了休息对于成为顶尖表现者的重要性，然而它常常被忽视。与其他成为高表现者的因素（例如刻意练习）相比，这种现象尤为突出。最近，人们开始重新强调休息的重要性。我们必须保证身体和精神都得到充分的休息，尽管我们常常因为担心落后而忽视精神休息。没有足够的休息可能是有害的，我们应该积极主动地寻求适当的休息或恢复机会。最后，在这方面失败可能会导致倦怠，甚至使我们面临离开某个领域或在该领域失败的风险。

📝 练习：你看起来很累

该练习将帮助你确定并改进你的休息或恢复计划。练习的第1题要求你确定目前的休息或恢复方法。第2题则要求你找出一些可能改进这种方法的途径。

1. 请描述你目前的休息、恢复和日常自我照顾的计划或方法。

_____
_____
_____
_____
_____
_____
_____
_____

2. 回顾你在第1题中提出的方法。你有哪些具体的途径可以改进这些方法？

_____
_____
_____
_____
_____
_____
_____
_____

12 Overcoming Obstacles and Finding Success

第十二章

脱轨时刻：
宽恕自己，重整旗鼓

我知道我可以回首往事，然后说："你知道吗？我已经尽力而为了。"我经历过起起落落，但当我面对镜子中的自己时，我可以坦然地说，我已经竭尽全力，我已经倾尽所有。所以，我可以问心无愧。我认为，归根结底，对我来说，这就是宽恕的真正含义。

——亚历克·米尔斯，MLB 投手

我现在已经宽恕自己了。我曾经连续几个星期惩罚自己。如今，我已建立起健康的自信，不再需要自我苛责。我也意识到，就整个世界而言，从长远来看，艺术追求或激情热爱其实都不那么重要。

——某全球巡演乐队的匿名音乐家，
其唱片销量达到了金唱片级别

在纳撒尼尔（Nathaniel）和他的乐队尽情表演的时候，现场只有寥寥几个观众（如果那叫观众的话）。就那么十几个人还一副副心不在焉的样子，要么摆弄着啤酒瓶上的标签，要么相互闲聊。貌似没有一个观众在关注他们的表演。更糟糕的是，乐队刚刚发行的最新专辑收获的评价褒贬不一。虽然好评居多且数量超过差评，但那些差评却极为尖锐，甚至让人觉得是针对个人的。这些评论加上现场的冷淡反应，让纳撒尼尔开始考虑是否应该就此放弃。他还责怪自己不仅辜负了自己，还辜负了乐队成员、经纪人和制作人。这些想法困扰了他将近一年，但他还是坚持了下来。差不多在同一时期，他最新发布的一首歌走红了，过去十年左右的时间里，无论以何种标准衡量，他都取得了成功。在本章中，我们将探讨负面经历是如何轻易地将我们击垮，有时甚至让我们一蹶不振的。此外，我们还将讨论重整旗鼓、重新振作以及在必要时宽恕自己的重要性。

想象一下火车启动的情景。当火车开始行驶时，它需要一段时间才能获得动力并达到期望的速度。同样，在我们实现目标的过程中，事情通常也会起步缓慢。我们不太可能像期望的那样迅速实现目标，因为获得并最终保持动力需要时间。即便如此，我们仍会遇到潜在障碍物迫使我们放慢脚步甚至偏离轨道的经历。当这些经历出现时，我们必须对两件事加以区分：障碍本身以及我们对这些障碍的看法。虽然障碍确实有可能让我们放弃实现某个目标，但我们的看法绝对可以决定这个障碍实际产生的影响程度——它究竟是一个无法逾越的障碍，一个示意我们停止的信号，还是一个可以从中汲取经验的暂时偏离轨道的小插曲？

假设你是一位有抱负的歌手，为了引起人们的注意，你付出了很多努力，采取了所有"正确"的措施。你已经克服了演出上座率低或观众心不在焉的痛苦。如今你在当地吸引了相当多的观众，足以引起大牌唱片公司的兴趣。如果有人说唱片公司不再对你感兴趣，你能承受得住吗？被唱片公司邀约5次后又遭拒绝呢？这正是非常成功的艺人洛根·米泽在《精炼之路》播客节目中分享的情景。如果我们把洛根经历的每一次拒绝都视为一次脱轨（请记住火车脱轨的比喻），然而他并没有因此偏离轨道。洛根一直致力于追逐他成为一位杰出音乐艺人的梦想，而他的努力也最终得到了回报。

莱妮·威尔逊是我们在第七章中提到的获得格莱美奖的乡村歌手，她曾七次被电视歌唱比赛《美国偶像》拒之门外。下面强调一下莱妮在《美国偶像》屡次试镜失败的经历。她第一次试镜没通过，第二次试镜不成功，第三次试镜没被看上，第四次试镜没被录用！换作是你，你会感到沮丧吗？她第五次试镜惨遭淘汰，这种事儿下次还会发生。她第六次试镜再次被拒，第七次也是最后一次试镜，结局一样。她还透露自己也曾被《美国好声音》（The Voice）拒绝。尽管屡遭拒绝，但莱妮并未偏离轨道。她坚持让自己心中的"火车"继续前行，最终获得了回报。

我们到达目的地了吗？——坚守原路或另择征途

在人生道路上，我们常常需要抉择：是坚守目标，还是中途放弃。虽然最终可能代价高昂，但在遭遇拒绝或困难时，选择退出似乎会显得格外诱人。获得成功是一个艰苦的过程。MLB棒球投手亚历克·米尔斯在与我们的交谈中表达了这种感受:"通常,生活会打败你,体育会击溃你。尤其是棒球,它会把你打趴下。真的是这样。"我们常常置身于这样的境地:必须咬紧牙关、奋力拼搏,才能重新融入竞争的浪潮之中。在这个过程中,你可能很想把自己从困境中拉出来。亚历克补充说:"每天都要这样做,实在是太累心了。"

莱瑟伍德酿酒厂的创始人安德鲁·朗分享了他的酿酒厂在开业仅两年后因火灾而关闭的经历。安德鲁面临着下一步该怎么办的抉择。他分享道:

> 我们停业了大约两个月。当时我面临一个抉择,因为我们的经营状况还没到能通过收入来覆盖重建成本的程度。酒吧的客流量也不足以支撑这一切。但我的内心深处就是不想放弃。我们进行了重建,几乎是从零起步,然后一直努力向前推进。

继续投资的决定得到了回报。安德鲁说:"我们扩大了所有业务;基本上,我们的产量和销量都翻了两番。"

从高中起,乔纳森(Jonathan)就想获得心理学博士学位。为了提升自己的竞争力,他在硕士论文上非常努力。他提出了自己的研究想法,制作了研究材料,并完成了整个研究过程。为了通过论文答辩,他需要写一篇APA格式的论文。他花了无数个夜晚反复修改,力求做到最好,然而,当导师审阅完论文后把论文退还给他时,他简直不敢相信自己的眼睛。导师称,这是他很久以来读到的最糟糕的论文,如果乔纳森想继续进行论文答辩,就必须进行重大修改。他心中的"火车"脱轨了，他目前的学业完全停滞了。最终，他休学了一个学期，以便决定是继续留下来攻克论文，还是应该去他实习过的公司找份工作。

直到和学校的一些朋友一起喝咖啡时，乔纳森才意识到自己未能对那件事释怀。他自责不已，并认定自己水平不够，写不出合格的论文。朋友们鼓励他重新审视这一情况，把它当作一个障碍而不是终点，按照建议进行修改，并努力完成学业。最终，他在逆境中坚持了下来。乔纳森决定下学期返回学校，与论文导师一起制订计划。两个学期后，乔纳森获得了硕士学位，现在正在攻读博士学位。

安德鲁和乔纳森都不想放弃，但他们都因未曾预料到的障碍而受挫。不幸的是，我们任何人都可能在任何时候遭遇意外打击。我们在遇到猝不及防的挑战时会感到失去了方向，并质疑是否要付出努力重新回到正轨，或者改变计划且不再尝试回归正轨，这些都是可以理解的。而避免永远偏离轨道的一种方法是：学会自我宽恕，审视当前的处境，然后制定策略去应对我们面临的挑战。

"我肯定在这方面糟糕透顶"——自我宽恕的关键作用

当事情进展不顺时，我们很容易责怪自己。对于洛根·米泽和莱妮·威尔逊来说，在多次被拒绝的情况下，他们本可以很容易地责怪自己，但至少从长远来看，我们有理由相信他们没有这样做。也许他们最初曾质疑是否要继续下去，但后来，他们成功地打消了疑虑，经受住了一次又一次的拒绝，最终获得了成功（关于拒绝的更多信息，请参见第七章）。我们认为这是一种自我宽恕的形式。

目前关于自我宽恕的研究主要集中在两个方面：一方面是临床领域中的自我宽恕，另一方面是当我们伤害他人后的自我宽恕。在这两种情况下，自我宽恕都是为了摆脱那些令人不安或有疑问的行为所带来的消极情绪和看法，比如过度饮酒或对亲人表现出敌意。迈克尔·沃尔（Michael Wohl）对宽恕话题进行了广泛的研究。他和他的同事认为，自我宽恕意味着放下一些负面情绪和认知，而这些情绪和认知往往会在我们觉得自己在某件事上失败，或者觉得自己辜负了他人时出现。为了便于讨论，我们可以从一个略有不同的角度来看待自我宽恕，即将其置于我们在追求成功的过程中所经历的阻碍和挫折这一情境中。从这个视角来看，自我宽恕指的是当事情没有按计划进行或我们对最初反应感到后悔时，我们能够原谅自己，或者首先不要责怪自己。需要明确的是，自我宽恕不应被理解为不为自己的错误负责。自我宽恕是要我们认识到尽管尽了最大努力，错误和挫折仍会不可避免地发生。当被问及在事情进展不顺利时是否能原谅自己时，漂移赛职业车手胡曼·拉希尼给出了一个非常有见地的回答。

> 我会原谅自己，但也会从中吸取教训。我的座右铭是"我只是凡人胡曼"。我会搞砸的。最终犯错是不可避免的。我肯定会出岔子的。但我的父亲很早就教导过我：人可以犯下无数个错误，关键是要从中吸取教训。如果你能从每一个错误中吸取教训，那么，它就只是一个错误而已，又不是世界末日。你可以继续前进；你可以从中成长，并且变得更好。

第十二章 脱轨时刻：宽恕自己，重整旗鼓

我们将在第十五章讨论自我服务归因偏差，这一章讲的是不要宣传自己和自己的成就。简而言之，大多数人在事情进展顺利时都会邀功，而在事情进展不顺利时将责任归咎于其他人或事。例如，马特（Matt）和金姆（Kim）可能都因为与客户达成了一笔大交易而邀功，每个人都坚信交易成功在很大程度上归功于自己在争取客户方面所起的作用。然而，如果客户最终选择了竞争对手，马特（金姆）可能会把交易失败归咎于金姆（马特）的无能、高层管理的失策或面谈时遭遇的坏天气。这种认知偏差可以起到缓冲作用，减轻事情出错带来的消极影响。我们大概不会受到挫折的太大影响，因为我们一开始就没有把责任归咎于自己。

然而，当我们确实将责任归咎于自己时，自我宽恕就显得至关重要。自责可能源于我们对所遭遇的拒绝的过度内化，即使这样做是不合理的。莱妮·威尔逊不可能仅仅因为参加了那些最终拒绝了她的节目试镜，才突然发展出了自己的表演能力。但自责也可能确实源于我们自身犯下的错误。乔纳森的情况正是如此。他犯了一个潜在的错误，那就是在向导师提交论文之前，他没有获取反馈、没有校对、没有找人帮忙看看。在意识到这一点之前，乔纳森认为自己"愚笨"，不适合读研究生。他需要认识到每个人都会犯错，而他最终也做到了原谅自己。从那以后，乔纳森回校完成了学业，毕业后在一个政府部门的岗位上干得风生水起。乔纳森现在对自己的生活很满意，但他必须学会在逆境中原谅自己，而不是就此放弃回归正轨。

已退役的美国陆军少将沃尔特·洛德分享了他对犯错的看法：

> 我经常与新崛起的领导者分享（昨天我也跟学员们讲了）：犯错是可以的。我们期望我们的领导者犯错。实际上，对于少尉和新晋军官，我们几乎希望他们犯错，只要没有人受伤，只要他们以正确的方式应对。所以，我告诉他们，当你犯错时，千万不要掩饰。不要！不要责怪别人。不要试图忽视错误，不要指望错误自行消失。不要把问题归咎于你的老板，除非你同时也能汇报一些解决方案。我告诉他们的是，要为自己的错误负责。如果这是一个关键性的错误，就去找你的老板，告诉他你犯了错误，告诉他你打算如何纠正，并且让他知道，如果超出了你的能力范围，你会回来寻求他的帮助。请从中吸取教训。更重要的是，伟大的领导者会从自己的错误中学习。最伟大的领导者会帮助他人从错误中学习。所以，我告诉他们，在晋升过程中，要非常坦诚地与领导者分享你的错误，这样你就能帮助他们避免犯同样的错误。而且，我想你也明白，认识到自己在知识、专业技能和经验方面的不足，与正确对待错误的方式是相通的。

他接着补充道："要诚实面对犯错，并寻求帮助。"这里传达的一个关键信息是，在成长过程中，犯错是意料之中的事。你无须将犯下的错误内化为自身的问题，也没必要把它们当作你停止前进的信号。反馈是塑造卓越表现的关键，而这些错误本就是成长过程中的必经环节。

第十二章　脱轨时刻：宽恕自己，重整旗鼓

谈谈"坚毅力"

人类的个体差异也可能影响我们在消极经历中坚持的程度。我们既可以任由消极经历彻底打乱我们的计划，从而选择放弃，也可以通过坚持，让消极经历帮助我们学习和成长。这里要提到一个常用术语，即坚毅力，其含义包含了长期的毅力和持续的兴趣。研究人员发现，那些坚毅力强的人更有可能在学业成就、职业稳定、身体健康和整体幸福感方面表现更好。我们中的大多数人都会遇到本书中讨论的障碍。我们中的一些人会很快放弃某项追求，另一些人则会不惜一切代价坚持自己的追求。

即使不惜一切代价，也不是每个人都能获得他们所追求的最终成功。他们的生意可能会失败。他们可能得不到晋升。他们可能会受伤，或表现不佳，未能入选运动队。担任领导职务或被医学院录取的机会可能永远不会到来。然而，坚持做一件事往往会增加成功的概率。喜剧演员亨利·曹与我们分享了他的想法："忠于自我，坚守初心"以及"持之以恒"。这些建议适用于任何刚踏上追求旅程的人。亨利的建议同样适用于那些已经取得了一定成就，但后来却偏离轨道的人。

或许最广为人知的关于毅力的例子之一就是备受赞誉的演员小罗伯特·唐尼（Robert Downey Jr.）。在童年时期，他就参演了多部电影，并在《周六夜现场》中亮相。然而，在他二十出头的时候，他的生活因吸毒问题彻底失控。直到他出演了一个同样有吸毒问题的角色，他才意识到自己必须做出改变。于是，他主动寻求帮助，并进入康复中心接受治疗。有一段时间，他似乎重回正轨，但后来又再次偏离了轨道。这一

次，除了吸毒问题，他还陷入了法律纠纷，并在监狱里服刑了一年。又惹上一起法律纠纷之后，他被知名电视剧《甜心俏佳人》(Ally McBeal)剧组解雇，因为雇主认为他是个风险人物。他最终与律师达成协议，得以在康复中心接受为期三年的治疗，而不是继续服刑。这本可能是他就此放弃、一蹶不振的时刻，但他却在三年的治疗后成功戒除毒瘾，并且重新投入工作。正是在这段时间里，他出演了多部票房大片：从开启漫威世界的《钢铁侠》(Iron Man)，到最近助其获得奥斯卡奖的《奥本海默》(Oppenheimer)，其间更参演了《复仇者联盟》(The Avengers)系列电影。

小罗伯特·唐尼就是一个在偏离轨道后懂得迷途知返的绝佳例子。他敢于重整旗鼓，继续投入工作。再说一次，毅力往往会让坚守原路的人有所收获。主动放弃，几乎是注定无法抵达终点的最直接方式。这可能需要你重新审视实现目标的方式，以及在你个人情境中对成功的定义。明确你个人对成功的定义，并为之努力。凯蒂·科尔是"碎南瓜"乐队的巡回演出成员，也是一位创作型歌手，她分享了自己在追求目标过程中遇到的困难是如何促使她走出一条属于自己的道路的：

> 我经历过许多失败，而且我毫不掩饰地承认这就是失败。很多人会说："这是一次学习经历，你从中收获了很多。"好像这样就能把失败粉饰成一件光鲜的事情。这就好比我说过的，我做出了那些选择，不再沿着一条众人皆知的道路前行，而是开辟了属于自己的道路。这让我对自己的选择、所取得的成就以及所秉持的价值观负起责任。失败与成功相伴而生，它们并不是绊脚石。

正如你所见，觉得自己偏离了既定路线的人不止你一个。你的最终目标或许需要你在途中做出调整。一个立志在大型体育场演出的乐队，最终可能在小型场馆演出中获得了可观的收入。我们看待自身进步和地位的视角，决定了我们对它们的认知与评价。正确的态度应是：始终忠于自我，并为自己取得的成就感到自豪。我们或许无法实现最初为自己设定的目标，或者无法以自己期望的方式实现。然而，我们提醒你，成长很少是一帆风顺的。在追求目标的过程中偏离轨道可能会造成困难局面，以至于让人想要彻底放弃。然而，不要内化我们所面临的拒绝，学会自我宽恕，以及在必要时接受路线调整，这些都可以帮助我们继续朝着目标前进。

本章总结

在本章中，我们探讨了经历挫折后重新找回节奏的重要性。面对困境时选择放弃似乎是一种轻松的选择。然而，我们展示了多个高表现者的例子，他们经历过挫折，但重新振作并坚持不懈。在这些例子中，尽管不断遭遇挫折和拒绝，这些卓越人士最终还是取得了成功。我们还介绍了在事情不如预期时学会自我宽恕的重要性。这一策略包括明确自己最终想要实现的目标，根据需要调整路线，以及不要将错误或挫折内化为自身的问题。最终，我们可以在可能的情况下，将挫折转化为学习的机会。

📝 练习：我可能到此为止了

该练习旨在帮助你认识到坚持到底的重要性。练习的第1题要求你回忆并描述一些你几乎要放弃，但最终仍然坚持下去的具体经历。第2题则要求你识别那些关于"如果继续下去会发生什么"的具体恐惧，并与实际发生的情况进行对比。

1. 请描述一次或多次你差点放弃某项追求但最终还是坚持下去的经历。

_____
_____
_____
_____
_____
_____

2. 回顾你在第1题中提供的例子。你当时对继续坚持有哪些具体的恐惧？这些恐惧与实际发生的情况有何不同？

_____
_____
_____
_____
_____
_____

13 Overcoming Obstacles and Finding Success

第十三章　不想脱颖而出：做独特的蓝莓酸奶

> 无论是在音乐领域，还是在日常生活的点滴之中，我无法奢望每个人都有着与我相同的渴望，或者像我一样为自己所追求的那种卓越而努力奋斗。
>
> ——布莱恩·布朗
> 嘻哈艺人

> 要达到那种境界，所需的技艺、时间和练习简直到了令人咋舌的地步。如果你们真的渴望达到那种水平，我可以分享一点心得：你们必须像那些顶尖者一样，时刻都在练习。就是这样。你必须让人们知道你有能力做到这一点。我不是想泼冷水，而是想提醒你，如果你渴望像这些人一样出色，想获得这类工作，你就应该已经具备这种水平，并且投入了相应的时间，而不是等着别人来告诉你该怎么做。
>
> ——托马斯·埃斯特拉达
> 电影和电子游戏动画师

萨沙（Sasha）饿了，都快饿得发脾气了。她正在父母家做客，而他们家唯一能吃的东西就是酸奶——酸奶管够！当她扫视这些酸奶时，发现除了一盒，其他全是原味酸奶。唉，原味酸奶实在提不起她的兴趣，但就在她快要放弃的时候，她惊喜地发现，在那些原味酸奶后面藏着一盒蓝莓酸奶。在这一章中，我们将探讨萨沙在众多原味酸奶中发现蓝莓酸奶的经历，这与你在竞争激烈的环境中，凭借不断积累的成就（你的"蓝莓"）脱颖而出的过程有着异曲同工之妙。相比之下，那些平平无奇的"原味酸奶"自然没有胜算。

那么，究竟是什么让萨沙对蓝莓酸奶情有独钟，而不是那些原味酸奶呢？因为它格外显眼！它与众不同！最重要的是，它是所有选择中最具吸引力的。你应当尽可能多地积累"蓝莓"，也就是你的成就。这样，你就能成为那盒蓝莓酸奶，在人群中以一种积极的方式脱颖而出。当你与其他人在竞争同一份工作、研究生院的入学机会、运动队的名额或任何其他机会时，这些成就将成为你的竞争优势。想必大家还有印象，在第九章中，我们着重探讨了明确你在实现目标进程中的位置，并制订具体计划去推进目标的重要性。而在本章中，我们将聚焦于如何让你在同行中脱颖而出的方法。

在本书中，我们讨论了通往成功的道路有多么漫长。我们还讨论了我们可能遇到的众多潜在障碍，并提供了克服这些障碍的策略。随着时间的推移，积累尽可能多的成就（蓝莓）将帮助你突破"无法脱颖而出"的困境。在前面的章节中，我们讨论了朝着目标前进的不同阶段，而每一个阶段的完成本身就

第十三章　不想脱颖而出：做独特的蓝莓酸奶

代表着一次胜利，当你进入下一个阶段时，这些胜利都是一种成就，有助于你在人群中脱颖而出。

毫无悬念的最佳候选人——脱颖而出的重要性

观众们热情高涨，掌声如雷。这无疑是许多人见过的最精彩的求职演讲之一。演讲者充满活力，话题生动有趣，且这位候选人展示的成就清单更是令人瞩目。许多人都在心中暗自思索："对于这样一位候选人，还能有什么可挑剔的呢？"能够将这样的人纳入团队，这种兴奋与期待几乎令人窒息。他在众多资质卓越的应聘者中脱颖而出，已成为无可争议的佼佼者。然而，不止一家雇主对他如此青睐，他甚至有幸在一群热切的青睐者中挑选多个工作邀约。

我们将在第十五章中详细讨论展示成就的重要性。这包括克服一种感觉，即认为谈论自己的成就就是自吹自擂。然而，要想推销自己的成就，我们首先必须有值得称道的成就。然后，我们也必须意识到，自己所做的事情可能被他人视为一种成就。想必有不少成就或成功，早已被你视作理所当然。你可能未曾意识到它们的价值，但它们却足以让其他人印象深刻。无论成就大小，我们都鼓励你尽快开始记录自己的成就，并将过去的成就也纳入其中。随着这份清单的不断充实，它将帮助你构建出属于自己的独特故事（见第十五章）。你的首要任务是积累一份能够满足你进入某个领域或在该领域被认真对待的最低要求的成就清单。这一最低标准因领域而异。在某些情况下，可以接受的最低标准是非常明确的，有时甚至是白纸黑字写出来的，但在另一些情况下，最低标准则是非正式的，这让评估过程在某些时候变得尤为困难。

我们可以将成就视为一个分层体系，可分为普通成就（或最低成就）、分水岭成就和主导成就。第一层级的成就，即普通成就（或最低成就），构成了我们发展的基础，但这些成就本身无法让你脱颖而出。它们就像开篇故事中的原味酸奶，是大多数竞争者都具备的基本成就（以酸奶为例，原味酸奶是基础款，人人都能买到）。这些成就包括学会基础的演奏乐器、加入研究团队、跻身运动队，或者加入某个组织。然而，那些进入更高层级的人，往往也都做过这些同样的事。与不在该领域的人相比，你或许会显得出色，但在领域内的其他人面前，你并不会脱颖而出。你还需要做得更多。

第二层级的成就，即分水岭成就，是表明你已开始在同行中崭露头角的成就。在这种情况下，这些成就可能只被领域内的其他人认可。这些成就可以是客观的（如通过收入增长、跑步时间或胜负记录来衡量），也可以通过同时在多个方面表现出色来实现。注重细节、始终按时完成任务以及积极寻找成长机会，这些都很重要。前面提到的那位来自获得金唱片认证乐队的世界级音乐家，分享了音乐家们如何从同行中脱颖而出的方法：

> 他们应当在自己的主修音乐流派之外，广泛涉猎其他音乐流派和风格。这样一来，他们就能带来一些与众不同的东西，而这是他们的同行所不具备的。我尝试过这种方法，希望能借此发展出一种独特的风格。我通过转录其他乐器（比如萨克斯）的演奏来拓宽自己的视野，从而跳出传统思维的框架。很多时候，拥有一种与众不同的视角，就足以让你脱颖而出。

这些成就将通过知识的广度以及演奏风格的潜在提升得以体现。尽管在不同领域中脱颖而出的方式各不相同，但我们都可以借鉴这条建议。

第三层级的成就，即主导成就，往往会被任何观察者认可。这些是让你在某一领域中脱颖而出、跻身顶尖高手之列的表现和成就。当你阅读最优秀作家的作品或观看史上最出色的运动员在赛场上的表现时，这些成就显而易见。这些表现者在以往成就的基础上不断积累（不断增加"蓝莓"），直到他们现有的成就与第二层级之间出现了无可辩驳的差距。下面继续引用那位匿名的成功音乐家的建议，这次他提倡寻找方法来拓展我们的技能组合：

> 举个例子，如果我觉得自己已经把摇滚乐的技巧掌握得炉火纯青，那我就会一头扎进比波普爵士乐的世界，那是一个完全突破传统框架的音乐领域，仿佛是一个截然不同的宇宙。如此，你就永远不会遇到瓶颈了。就算花上十辈子，你也仅仅只能触及一点皮毛而已。

既然在这种分层体系中，成就能够层层递进、相互累积，那么为什么我们并没有积累到海量的成就呢？原因很可能与我们在本书中一直探讨的那些因素相同，即传统社会观念的遗留影响、技术意识的缺失、冒名顶替综合征、固定型思维模式等。这些因素似乎对我们积累的成就以及总体成功产生了不成比例的巨大影响。

"你永远也做不到！"——传统社会观念的影响

传统观点认为，高表现者在本质上与他人有所不同，这种观点可能会对我们寻找机会的方式产生影响。我们必须相信自己能提升，才会尝试去提升。比如，我们在第四章中了解到，有些成就在我们获得之前，我们可能认为根本无法实现。这种情况不仅在社会层面存在，在个人层面也是如此。回顾第四章中提到的现象：全球竞技游泳成绩因一种被称为"超级泳衣"的新型泳衣面料而短暂提升。尽管这种面料后来被禁用，但游泳成绩的提升依然得以保持。这是因为曾经束缚着人们对于"可能性"边界的心理枷锁已然被彻底打开，一个新的标准由此树立。我们常常给自己设定上限，因为我们相信自己的表现潜能存在某种不可逾越的边界。这种认知往往使我们连尝试突破自身所感知的极限的勇气都没有。同时，我们还容易接受他人给我们设定的"人为天花板"。比如，在兄弟姐妹当中，成就斐然的那一个可能会成为其他兄弟姐妹的标杆。努力达到这一标准的压力可能会导致那些兄弟姐妹自我设限，因为他们认为自己的能力比不上那个成就斐然者。

这些关于人为设限的认知，有时会被他人明确地强加于我们。例如，艾米丽在读本科时，系里的一个教授告诉她，她永远无法在研究生院取得成功，这就是他人给她设定的"人为天花板"。然而，如果我们最终因为这些感知到的限制而选择放弃，我们又如何能在同行中脱颖而出呢？很可能，我们会就此淹没在人群中。真正的脱颖而出，往往意味着突破自己或他人眼中的"不可能"。而那一点点额外的努力，往往会通过一路上积累的显著成就，吸引他人的目光，并带来意想不到的机遇。值得庆幸的是，艾米丽突破了教授试图为她设定的"人为天花板"。更重要的是，后来她在教授的岗位上不仅表现出色，还达到了主导成就的层级。

"我永远也做不到！"——思维模式和冒名顶替综合征的影响

在某些情况下，我们可能会选择留在原地，因为那里很舒适，这就是第二章讨论的"满意即可"策略。有些人选择不去积累成就，可能是因为他们对自己的当前状态感到满意，或者并不特别看重成就本身。这种选择本身并无不妥。这些人是在有意识地选择保持现状。然而，还有许多其他因素可能会对我们获得成就的方式产生影响。

其中一个因素是我们对于自身是否有能力取得进步的信念，也就是"思维模式"。持有固定型思维的人认为我们的潜能有限（这就是"固定"的部分），无论我们做什么都无法超越这一限度。而持有成长型思维的人则认为我们可以通过经验和努力来提高我们在某项任务中的能力。本书其他部分还讨论了思维模式表现形式的一些相关问题。不过，我们可以合理假设，固定型思维模式会在某种程度上限制我们在某个领域的投入。我们的观点依然是，如果我们认为自己为提升所做的努力最终将是徒劳的，那么我们采取行动去提升的可能性就会大大降低。这或许可以解释，在前面的例子中，兄弟姐妹在与其中成就斐然的那个人比较后，为何会给自己设定"人为天花板"。

因此，固定型思维模式会导致我们寻求的机会比原本应有的要少，从而降低我们脱颖而出的可能性。这也会导致一种自我应验的预言循环，在这种循环中，缺乏成就和认可反而成为固定型思维模式者的"证据"。他们将这种缺乏成就的现状视为自己确实无法突破现有水平的有力证据。相应地，他们涉足某个领域的尝试也会减少。

冒名顶替综合征（第三章）也会人为地减少一个人积累或尝试积累的成就的数量。冒名顶替综合征对任何体验过它的人都会造成相当大的限制。它会让我们不愿向前迈进或尝试新事物。而向前迈进或尝试新事物恰恰是能够帮助我们脱颖而出的关键所在。也许我们在某个领域表现活跃，但内心却总觉得自己在胡乱行事，甚至觉得自己像个骗子，一直在欺骗周围的人。这种思维在很多方面都是一种限制。我们可能会觉得，自己越是处于聚光灯下，就越有可能被揭穿是个骗子，所以我们会逃避实现目标，不愿成为脱颖而出的"蓝莓酸奶"。音乐制作人兰德尔·福斯特目睹了这种情况。他分享道：

> 我确实觉得在音乐领域，冒名顶替综合征和自我怀疑是个很大的问题。从艺术创作的角度来看，它会导致创作上的瘫痪。它让人们陷入一种思维僵局：与其选择向左或向右，我们宁愿选择原地不动，因为那似乎是最安全的地方。而我亲眼见过它如何让那些极具才华的人的事业陷入停滞，一停就是一年甚至更久。

"你做了什么？"——缺乏机遇意识且资源匮乏

在整本书中，我们已经探讨了由于缺乏机遇意识且资源匮乏而产生的种种局限性。在某些情况下，我们之所以未能取得某些类型的成就，或许是因为我们对这些机会毫无察觉，或者由于资源匮乏而无法取得，最终只能望而却步。在这方面，找到一位值得信赖的导师会非常有帮助（详见第十四章）。以艾米丽为例，她在本科期间曾主动询问实习机会，因为她最初计划攻读硕士研究生，成为一名治疗师。她知道这些机会的存在，因为它们出现在学校提供的课程选择列表中。然而，直到她与导师深入交流后，她才真正意识到这些机会的具体要求以及它们对自己未来发展的深远意义。

第二个问题（资源匮乏）可能更难克服。如果我们没有追寻机会的资源，那么，知道再多机会也无济于事。这些障碍通常源于经济资源的匮乏，但也可能是由于缺乏足够的时间去投入某项事业。它们也可能与特定领域的准入限制有关。例如，掌控基础设施或分配渠道的人可能会限制他人进入该领域、获取知识或资源。这些限制无疑会阻碍我们积累成就的努力。对于那些有意愿、有信心去实现目标，却发现自己无法取得进展的人来说，这种局面尤其令人沮丧。在这种情况下，我们该如何继续积累成就呢？

制订计划

提升自己的竞争力的一个建议就是制订一个具体的计划，评估我们自己的发展道路和需求（详见第九章），并确定我们的目标以及实现这些目标的计划。这种做法将使我们能够积累成就，从而脱颖而出。由于制订了具体的计划，我们只需按照计划中所设定的步骤朝着目标迈进，便能自然而然地积累成就。

回顾一下棒球投手亚历克·米尔斯关于他自己的目标堆叠循环的分享：

> 目标必须是切实可行的。很多时候，对我来说，它是一个在两周内可以量化并实现的目标。当你达成这个目标后，你会接着想："好，让我再设定一个。"两周后，你又实现了这个目标。如果你持续不断地堆叠短期目标，那么，最终，那个长期目标会变得比之前更加触手可及，也更具可行性。

亚历克不仅在目标堆叠循环中不断前进，还通过在训练和比赛中提升自己的技能来直接积累成就。换句话说，他在训练中取得的进步（此处的"蓝莓"是投出更好的曲球）也带来了实实在在的比赛成就（此处的"蓝莓"是拥有更佳的胜率或自责分率）。

多年来，我们指导过许多学生开展课题研究。在大多数情况下，学生们都希望尽己所能脱颖而出，而完成自己的研究课题是实现这一目标的有效途径。他们将这一目标纳入了自己的计划，并将其作为"蓝莓"般的亮点，从而在与其他未曾有过类似经历的申请者对比时，更能脱颖而出。"做独特的蓝莓酸奶"练习将帮助你做到这一点。

大胆去做吧——小机会带来大机遇

每个人在生活中都曾有过这样的时刻：感觉自己已经到了极限，再多承担一件事，就可能让手头的一切都陷入混乱。我们必须在"做得足够出色"和"承担过多"之间找到微妙的平衡，否则可能会导致我们暂时（详见第十二章）或永久（详见第十五章）退出某个领域。因此，准确评估自己能够应对的负荷至关重要，同时，休息和恢复（详见第十一章）也必须成为整个过程的一部分。

话虽如此，如果你发现自己在纠结是否要接手某件事，那就大胆去做吧。即便你可能感到疲惫不堪，觉得自己已经应接不暇，但正是这多出来的角色可能会让你脱颖而出。塔隆·比森是一名演员兼导演，同时也是一位表演老师，他对此发表了自己的看法：

> 我总是对我的学生说，你们必须尊重自己的心理健康，并且要好好照顾自己。但如果你有任何办法在能力范围内对一个项目说"可以接受"，那么就请大胆地答应下来。

他重申了保持心理健康的必要性，但又补充道："你永远不知道大胆去做的情怀会带你走向怎样的未来。"

以伊扎贝拉（Izbella）为例。她不仅在最后一个学期修满了全部课程，还在校外兼职，撰写本科毕业论文，甚至加入了另一位教师的实验室协助管理实验参与者。然而，她并未止步于此。她还作为志愿者在针对青少年罪犯的帮扶项目中担任导师。在撰写个人陈述和申请推荐信时，正是这些额外的努力让她脱颖而出。与其他申请者相比，她收集了大量的"蓝莓"（积累了更多令人瞩目的成就），她的付出也最终得到了回报。伊扎贝拉收到了她心仪的硕士研究生专业的录取通知，并将继续从事与问题青少年相关的工作。她清楚自己的目标以及实现目标所需付出的努力，因此她牺牲了一部分社交生活，专注于积累这些高影响力的经历，从而在众多申请者中脱颖而出。

当我们"大胆去做"的时候，还有一个次要的好处，那就是这样的经历可以确认我们是否走在正确的道路上，或者表明我们走错了方向，需要考虑另辟蹊径。从长远来看，这种转折最终会带来更大的成功。比如艾米丽，直到她在行为科学部门实习，才意识到咨询行业并不适合自己。实习结束后，艾米丽选修了一门心理学与法律课程，发现自己对这个领域很感兴趣，于是她自主设计了一个与该领域相关的研究项目。这次转变让她在本科期间就发表了一篇学术论文，这是一项了不起的成就，如果没有那次实习，她可能不会取得这样的成功。这与塔隆之前的建议不谋而合：如果有任何可能的话，"大胆去做吧"。

驯服冒名顶替综合征

我们当中有些人可能会对"大胆去做"的建议感到畏缩，因为我们的老冤家——冒名顶替综合征又出现了。也许我们觉得自己已经在勉强应付了，再多做些事情简直是个糟糕透顶的想法。又或者，我们在拿自己和别人比较，觉得自己做得还不够，根本无法摆脱"骗子"的标签，那么为什么还要尝试去做新的事情呢？我们常常会不自觉地拿自己和别人做比较。像伊扎贝拉这样的人，即便已经做了很多事，也可能会审视自己，觉得自己是个冒充者，因为自己做得不如别人多，或者做的事情和别人不一样。但事实并非总是如此。你做得不如别人多，并不意味着你就是个冒充者。回顾第六章，当我说《精炼之路》播客已经覆盖了66个国家时，曾是"碎南瓜"乐队巡回演出成员，同时也是创作型歌手的凯蒂·科尔是如何让我感到意外的？她鼓励我说不要气馁，而我当时对她这番亲切的鼓励感到很困惑，后来我才意识到，她所取得的成功，其影响力至少是我的播客的3倍。尽管我的努力尚未让《精炼之路》播客达到"碎南瓜"乐队那样的受众规模，但我仍能为我的播客的覆盖面和影响力感到自豪。

发挥创造力

我们每个人都有自己独特的情况，这些情况既会阻碍我们实现目标，也会为我们带来助力。我们提到了缺乏机遇意识对成就的影响。为了克服这些个性化的特殊情况，我们的建议是：如果有可能，就"大胆去做"，并积极寻求导师的指导来帮助你发现机会。然而，有时你或许需要发挥一些创造力，才能将这些想法付诸实践。例如，你可以通过某些方式让自己进入潜在导师或其他关键人物的"圈子"，这将对你大有裨益。不过，具体该如何操作，并非总是显而易见。一种可行的方法是主动参与一些志愿活动，这样可以大大增加你与潜在导师相遇的机会。全国巡回脱口秀演员、《奈特的地盘》播客的联合主持人布莱恩·贝茨在《精炼之路》播客中提到，如果能经常和成功的脱口秀演员在一起，他表演脱口秀的机会就会增加，而事实证明，这个想法确实让布莱恩受益匪浅。在体育领域，参加夏季联赛（一个常被用来发掘新秀的场合）可能会让你遇到那些能为你提供帮助的人。即便只是尝试去寻找这类机会，也会大大增加你与那些能为你指引关键机会的人不期而遇的可能性。

为了维持经济稳定而在课余打工的学生往往觉得很难参与多项高影响力的学习活动，但我们可以通过创造性地思考"哪些活动才算有意义的经历"，找到让自己脱颖而出的其他途径。例如，我们可能没有意识到，自己的工作实际上正在培养我们的可迁移技能。如果你曾在工作中指导或培训过他人，那么你已经在扮演领导者的角色了。不妨回想一下那些你展现过批判性思维能力或应对过高压力情境的时刻。这些经历正是可迁移技能的体现，尤其在你缺乏与长远目标更直接相关的事例时，它们会显得尤为重要。

我们同样可以发挥创造力，利用手头现有的资源来实现我们的最终目标。例如，有些健身计划声称无须任何额外器材，仅依靠大多数家庭中已有的物品，就能达到与传统健身器材相当的锻炼效果。这些说法并非没有道理。因为利用餐厅椅子反复练习"起立坐下"对肌肉的锻炼效果和使用健身器材差不多。这样的创新方法的例子有很多。我们在其他地方提到过一些。比如，用装满东西的袋子充当足球；或者，用水桶或汽车轮轴来锻炼体能。那么，对于特定的资源限制问题，你是否有类似的方法来找到变通方案呢？这并非总是可行，但我们鼓励你去探索类似的创造性方法以突破这些限制，从而继续前行。无论如何，你都要保持进步！

充分利用培训或指导机会

另一种可能减轻这些限制影响的方法是积极利用培训或指导机会。对于运动员来说，这可能意味着在训练前后增加额外的练习次数，或者尝试那些你原本认为不必要的训练。如果你有幸已经获得了指导，那么请尽一切可能充分利用这个机会，从中汲取最多的养分。莱瑟伍德酿酒厂的创始人安德鲁·朗也表达了类似的观点：

第十三章 不想脱颖而出:做独特的蓝莓酸奶

> 如果你并非在商业环境中长大,或者身边没有积极投身商业的伙伴,我觉得你真的不可能知道该怎么做。与强者为伍,这是唯一的出路。商业领域容不得半点自负。当你刚刚起步时,你必须放下自我,虚心接受他人的建议。

请把傲气收起来。沟通要清晰明了。如果有什么没弄懂,就大胆开口,请对方解释清楚。这些内容在本书其他章节也有提及。然而,如果你正面临缺乏机遇意识或资源匮乏的困境,那么这些原则就显得尤为重要。

对指导的积极接受态度以及对反馈的开放心态,往往会促使导师更愿意在你的成长上倾注更多精力。这不仅能为你带来一些原本难以知晓的机会,还可能为你找到一位盟友,帮你获取那些原本遥不可及的资源。安德鲁·朗补充说:"人脉极为重要。当你遇到愿意帮助你的人时,尽你所能去回报他们,这往往会让他们把你介绍给更多人。"你要充分利用这些机会。

艾米丽最近指导了一个由五名学生组成的团队,这些学生都希望脱颖而出。这些学生已经愿意付出额外的努力并开展自己的研究项目,但他们需要学会接受建设性的批评以提升写作技能。他们的主要目标是参加学术会议或发表论文,而这两者都离不开论文质量的提升。这就要求他们在最终完成论文之前对论文进行多次修改。有些学生比其他学生更能接受批评和修改意见,他们的努力终有回报。他们中有三个人在同行评审期刊上发表了论文,四个人在会议上做了报告。他们全部被研究生院录取,有些人还收到了多个录取通知。他们做了他们需要做的事情,成了"蓝莓酸奶"。这当然意味着需要付出更多努力和承受更多压力,但最终成果令人惊叹——发表论文、海报展示以及成功进入研究生院。导师制的形式多种多样,但一旦我们遇到了愿意帮助我们成功的导师,我们就应该充分利用这一资源。

本章总结

在本章中,我们探讨了积累尽可能多的成就的重要性。这份"成就清单"将使你在争夺相同机会的人群中脱颖而出。传统的社会观念和冒名顶替综合征可能会阻碍我们去追求机会,因为我们内心深处怀疑自己无法成功完成这些任务。此外,许多人并不清楚究竟有哪些机会可供选择,这种信息的缺失无疑会严重阻碍我们去获得成就。重要的是要制订一个计划,开始记录我们的成就,并抓住那些看似微不足道的机会,因为这些小机会往往是通往更大机遇的敲门砖,而无论是小机会还是大机遇,它们都会为你的"成就清单"添砖加瓦。最后,我们提出了寻求导师指导的重要性,以及导师制在帮助我们积累成就方面发挥的关键作用。

📝 练习：做独特的蓝莓酸奶

本练习旨在拓展你在第九章"我要开始行动"练习中制订的计划并帮助你找到脱颖而出、超越竞争对手的方法。练习的第1题要求你开展头脑风暴或研究，梳理出在第九章练习中你所确定的领域里，那些表现最为出色的人究竟是凭借什么脱颖而出的。第2题则要求你确定一些具体步骤，以便尽可能多地积累成就。

1. 并非所有成就的价值都等同，有些成就被认为更具分量。回顾你在第九章练习中确定的领域，研究一下该领域中表现最为卓越的人士是如何通过特定行动让自己脱颖而出的。

_____
_____
_____
_____
_____

2. 回顾你在第1题中提供的例子。为了尽可能多地积累高价值的成就，你可以采取哪些具体的行动步骤？

_____
_____
_____
_____
_____

14 第十四章
Overcoming Obstacles and Finding Success

苛刻的听众：
寻求反馈或批评

> 导师制非常重要。这也是我多年来一直担任导师，并积极帮助运动心理学组织进一步完善其导师制的原因。导师角色是一种职责，也是一种技能。正因如此，人们必须学会如何出色地胜任这一角色。仅仅拥有一个导师，可能并不一定有益。但如果你有幸遇到一位杰出的导师，那么他一定深知导师制的真正价值，懂得如何助力他人成长，如何高效地分享自己的知识。在这样的情况下，导师制的作用就显得极为关键了。
>
> ——劳伦·塔什曼（Lauren Tashman）
> Valor Performance公司研究与创新副总裁、
> 大师级教练，认证心理表现教练

你不能仅仅因为别人的反馈而始终处于迷茫和摇摆之中。所以，关键在于找到那些你真正信任的人，让他们能够对你直言不讳地讲出真相。而且，随着你的影响力越来越大，这一点变得愈发重要，因为很多人围绕在你身边，可能是因为他们觉能从你身上捞到一些好处。因此，拥有一个值得信赖的团

第十四章 苛刻的听众：寻求反馈或批评

队，他们能够坦诚地表达自己的看法，而且有着经得起考验的过往表现，这一点很重要。我会花时间去思考我是谁，以及我真正想要实现什么目标。因为如果我自己都不清楚这些，那么我该如何处理那些反馈呢？

——托德·罗斯
畅销书作家及思想领袖

一位路人经过时，或许会误以为自己听到的是一场激烈的争吵。那些声音坚定而富有激情，很容易让人联想到争执的场景。然而，这并非一场争吵，而是一场学术会议。一群知名的研究人员和他们的学员们正在进行讨论，而激烈的辩论正是他们追求的目标。这个团队秉持的理念是：任何被带到团队中的想法都必须经过严格的检验，他们坚信"一个经不起团队审视的想法，不值得被推向更广阔的舞台"。重要的是，这并非只是口头上的承诺，因为团队成员在辩论中毫不保留，直面问题，坦诚地表达自己的观点。其结果是，他们的工作始终保持着极高的标准。在本章中，我们将探讨如何通过寻求真实、准确且持续的反馈来正视自己的不足之处。

我们在第十章已经讨论了我们在承认自己不足之处时常常遇到的困难。其中一些困难可能源于我们自身表现上的"盲点"，我们真的无法察觉到需要改进的地方。我们通常也倾向于高估自己与他人相比的表现水平。这就是所谓的"优于平均水平"效应以及相关的邓宁—克鲁格效应，这些在第十章也有讨论。我们还指出了两个与我们无法看清自己表现水平相关的重要考虑因素：第一，要认识到我们并不擅长评估自己做得有多好，或者在表现上与他人相比处于什么位置；第二，我们建议你寻找其他的反馈来源，以便更全面地了解自己目前所处的水平，并识别出潜在的改进空间。这些考虑因素以及相关问题将是本章的核心内容。

"你真的不太善于接受批评。"我的论文导师轻描淡写地说。我瞬间冒火，忍不住大喊："你这是什么意思？！"其实，我忍住了，并没有这样跟导师叫板。然而，这位受人尊敬的导师的这番话让我有点目瞪口呆。一直以来，我都是个好学生，老师们似乎也喜欢我这种友好且充满好奇心的风格。在我的本科学习生涯中，我觉得自己一直能够很好地应对建设性的批评。正是我的本科导师第一次鼓励我考虑读研，所以在这个过程的早期就听到这样的评价让我感到有些震惊。回首往事，我完全意识到自己当时的确不太善于接受批评。这类极具挑战性的互动以及直面"直白得近乎残酷"的反馈场景，对你们许多人而言将是司空见惯的事。你们或许曾是辩论队的一员，又或许身处那些教师对学生要求极为严格的教育体系中。

我们许多人需要培养接受并整合批评的能力，这在层级晋升过程中显得尤为关键。随着我们技能水平的提升，相应的要求也会显著增加。在学术环境中，这种要求的提升具体表现为我们需要通过口头和书面表达清晰地传达自己的想法。这要求我们不仅真正理解自己想要表达的内容，还要能够以一种易于理解的方式呈现出来。与此同时，学者们还需要对同行的观点保持批判性思维。在我与论文导师的那次交流中，当我希望他进一步解释改进建议时，我的语气中却流露出了一种戒备和抵触的情绪。当时，我还从未面对过学术训练中如此严苛的要求。

置身于一个要求我必须完全理解并清晰表达观点的环境中，对我当时的成长极为关键。尽管这是我首次面对这种类型的反馈,但它却贯穿了我的研究生学习以及之后的学术生涯。另一个例子发生在撰写论文期间。我对导师那似乎永无止境的红笔批注和修改意见感到无比沮丧。最终,我忍不住问导师:"您什么时候才能不再这么频繁地给我的论文挑毛病?"他的回答是:"只要你还在重新提交,我就会继续批改。"然而,真正契合本章核心要义的,是他随后的那句话:"何时准备好进行论文答辩,全凭你自己决定。"

"何时准备好"这几个字蕴含着强大的力量,因为它暗示着我们终会有准备好的那一刻。这句话还有着多重含义。它可以被理解为:①做好充分准备去表现;②评估你是否已经准备好去好好表现;③反映出一种渴望去表现的心态。任何或所有这些含义都可能是准确的,也可能是不准确的。你可能为某事做好了充分准备,并且知道自己已经准备就绪,比如,你即将参加重大体育赛事。你可能已做好充分准备,但却评估自己尚未准备好,这是冒名顶替综合征或完美主义倾向在作祟。我们当中也会有一些人自认为已做好准备,但实际上却并未准备好,这就是邓宁—克鲁格效应。那么,问题就是如何最好地获得准确的反馈,并利用反馈来提升表现。

在第十章中,我们已经探讨了凯文·伊娃博士提出的观点,即将反馈纳入系统化的考量范畴。伊娃博士及其团队特别指出,自我评估存在诸多局限性,尤其是当它被用作衡量表现水平的唯一标准时。我们完全认同这一观点,并建议构建一个多层次的反馈网络,涵盖教练、导师、计算机或人工智能生成的反馈以及其他各类训练工具。这些反馈来源应相互补充,共同为你提供全面的信息,帮助你准确评估自己在表现上的真实水平。

为了使这种反馈产生预期结果,你必须对给定的反馈做出适当的更改。这意味着你得判断哪些反馈是有效的。在某些情况下，反馈是客观的，没有解释的余地。比如，某个特定的跑步成绩或仅能成功接住35%的网球发球。然而，有些反馈会以建议的形式出现，你必须决定是否将其付诸行动。值得庆幸的是，你可以通过此类建议对客观指标的影响来评估其效果，比如，反馈使你的跑步成绩提高了吗？阿恩德·克吕格（Arnd Krüger）在探讨罗杰·班尼斯特（Roger Bannister）为何能成为首位1英里（1609.34米）跑进4分钟的长跑运动员的文章中很好地阐述了这一观点。他指出：

> 这也是"教练方法论"的基础，因为教练们并不太在意运动员为什么跑得更快，只要他们确实跑得更快就行。田径运动让测试变得更为直观，因为结果就在跑道上一目了然：如果你赢得了比赛，或者刷新了纪录，那么，只要其他条件都一样，大概率说明你用的那套方法比对手的更管用。

换句话说，反馈能让你搞清楚哪些做法有效、哪些无效，不管你用的是什么方法。这可太重要了！我们不仅能借鉴那些已经被证明有效的方法，还能判断某一特定技巧是否真的管用。要是通过反馈发现某个方法确实很棒，我们甚至可以自己开发一些新的技巧。

"我未曾意识到自己是如此……"

我曾经教过一门课，让学生们选择一种他们认为有问题的特定行为，并制订改变计划。我清楚地记得，我的学生们反复感叹"竟未意识到自己在这个行为上陷得如此之深"。比如,有些学生会测量自己花在社交媒体上的时间,或者记录自己摄入含糖饮料的数量。直到进入收集基线数据阶段,他们才意识到自己实际行为的严重程度。一旦确定了基线数据,学生们就可以测试他们的计划是否对他们的行为产生了影响。正是这种对比让他们能够判断自己的策略是否有效。与开始时相比,他们是否减少了在社交媒体上花费的时间,或者减少了含糖饮料的摄入量?

建立基线似乎是一个简单的概念,我们自然会为生活中的各种事情建立基线。例如,你大概清楚自己在州际公路上的常规驾驶速度,并且知道自己在特定行程中是否会加快或减慢车速。再比如,我们的同事往往在工作日有着相对固定的到岗时间,他们几乎每天都在差不多的时间到达办公室。一旦有人偏离了这种规律,就会显得格外明显。又或者,你可能曾在某个阶段记录过自己每天的热量摄入量或某种特定运动的完成情况。这些例子说明我们已经养成了建立基线的倾向,并且会不自觉地将当下的情况与之进行比较。任何想要在某件事情上追求卓越的人都会以一种更为严谨的方式践行这一过程。然而,我们已经深知提升表现本身是一项极具挑战性的任务。正因如此,我们还必须进一步思考两个关键问题:①我应该从哪里获取反馈?②我如何判断这些反馈是否可信?换句话说,这种方法是否真正有效?

反馈的来源

在关于刻意练习的早期著作中,反馈被认为是至关重要的。在这些早期的研究中,"教师或教练"是向表现者提供反馈的主要来源。尽管负责监督训练的人仍然发挥着重要作用，但如今我们获取反馈的途径已经显著扩展。如今，人们可以轻松地与来自世界各地的棋手在线对弈，这些棋手的技艺水平在过去可能很难在本地或地区范围内找到势均力敌的对手，而这样的对弈方式早已成为常态。此外，这种对弈的频率也是前所未有的。外科医生如今可以通过手术模拟来获取尽可能多的逼真反馈，而无须对真实患者的组织造成损伤。类似的例子还可以举出许多。必须明确的是，反馈的来源已经呈现出爆炸式的增长。

反馈对表现的提升作用是极为显著的，其重要性怎么强调都不为过。举一个例子，一组德国医生对学习一项高风险医疗程序的医学生进行了研究，该程序如果操作不当，可能会引发严重并发症。这些学生被随机分配到不同的训练小组，分别接受低频率或高频率的反馈。结果显示，两组医学生的表现都有所提升，但表现最佳的是那些接受高频率间歇性反馈的学生。因此，我们可以得出结论：反馈在提升表现方面发挥了重要作用，而更频繁的反馈则进一步放大了这种提升效果。值得注意的是，这些医学生从训练开始时就表现出相对较高的水平，但他们仍然取得了显著的进步。这表明，适当的反馈无论在何种表现水平上都有其价值。

这类例子不胜枚举，本章难以一一涵盖。然而，我们必须考虑到，你还必须懂得如何解读和运用反馈，才能使其真正发挥作用。这往往离不开教师、教练或其他更有经验的导师的指导。例如，你可能会发现某个指标有所提升，但却不知如何将其融入实际表现，也不知道下一步该重点改进什么。早期的模拟训练曾提供计算机生成的反馈，如今这种反馈越来越多地借助人工智能生成，但即便如此，这些反馈仍可能需要进一步解读才能付诸实践。研究这一问题的学者指出，人工智能分析产生的信息远远超出了人类能够正确解读的范围。他们通过一个绝佳的例子说明了这一点：仅仅因为数据显示40%的射门是中路射门，就让守门员在整场比赛的40%的时间里站在球门中央，这种做法是错误的。对手往往是基于进球概率最高的位置来决定射门方向，也就是守门员在实时比赛中不会出现的地方。守门员还应通过训练熟悉其他可用的线索，这些线索可以提示射门可能的方向。正如学者们指出的那样，将这些线索结合起来，才能真正帮助守门员成功扑救来球。

守门员的例子只是其中之一，但它揭示了在训练中解读和运用反馈时需要某种形式的指导。一直以来，人们总是倾向于引入新的技术，并广泛地加以应用，却未能确保使用者真正理解其背后的原理。在用自动发球机练习网球时，我们或许能在没有指导的情况下侥幸进步。然而，令人惊讶的是，历史上有许多模拟训练中心在成立时并没有明确的课程体系。为了提供背景信息，模拟训练中心为各领域的学生创造了安全的训练环境，让他们能够在模拟的真实情境中进行实践，而无须担心因操作失误而造成实际伤害。在医学培训中，学生们会接触到模拟的临床情境，他们需要对扮演患者的演员或能对操作做出反应的计算机化假人进行治疗，随后他们的操作流程会受到评估。怀着良好初衷的培训师和教育工作者在模拟器被认为能够提升表现后，便迫不及待地引入这些极具潜力的新工具。然而，他们往往没有意识到，在大多数情况下，真正起作用的并非工具本身，而是使用工具的方式。仔细想想，这其实适用于大多数事物：一把吉他终究只是一把吉他，一把锯子终究只是一把锯子。只有当吉他大师拨动琴弦，或者技艺精湛的木匠挥动锯子时，它们的真正价值才会显现。而在我们手中，它们或许毫无用武之地。如果你无法解读反馈信息，又没有合适的导师，你可能会陷入类似的困境。归根结底，人工智能无疑是一种强大的工具，但至少在目前，它还无法完全替代其他形式的指导。话虽如此，但随着技术的不断进步，它未来完全有可能实现这一突破。

"这牛奶闻起来有异味吗？"——警惕误导性反馈或错误反馈

"别从那些穷困潦倒的人那里获取理财建议。"我这一辈子没少听到各种版本的这种建议。这种说法确实很符合直觉。我们理应对那些在其谈论的领域表现不佳的人所提供的建议持怀疑态度。当然，也有例外情况，比如一个身材走样的教练却有着出色的带队成绩。然而，在大多数情况下，这种说法是成立的。从成绩差的学生那里获取学习技巧？从你认识的最糟糕的司机那里获取驾驶建议？还是算了吧！我们希望自己的导师能够助力我们持续进步，但我们总是冒着接受不合格导师指导的风险。导师指导的质量参差不齐。作为作者，我们了解到一些情况，有人接受了来自导师的关于发展的指导或建议，而这些指导或建议却被比导师更成功的人视为不可取。当然，也会有这样的情形，即开拓者所做的事情尚未被人们理解。但在大多数情况下，这只能被视为指导不力。这样做的风险在于，导师可能会通过让你只做他们做过的事情来限制你的发展。导师对于个人成长是必不可少的，而且往往对你的进步有着不可估量的价值，因此，让我们探讨一下，如何通过积极寻求多方面的批评和指导来避免这些潜在的陷阱。

第十四章　苛刻的听众：寻求反馈或批评

"给我反馈吧！"——寻求导师的批评

"这就是你最好的表现吗？！"我所在的佛罗里达州立大学院系常会邀请学者来分享他们的想法和研究成果。在任何领域，学者们在做这类报告时通常都会感到紧张，尤其是在职业生涯的起步阶段。在学术界，一个明智的建议是做好准备，从而应对观众提出的刁钻问题（这也是本章的主题）。本节的开篇引用正是出自这种情况。一位新入职的教员在他的研究汇报结束时，脱口而出了一句这样的话："这就是你最好的表现吗？！"那天我也在场，并没有把他的这句话理解为傲慢的表现；相反，这似乎表明他已做好充分准备，仿佛在宣告他已经考虑到了方方面面，毫无破绽。在我们的培训项目中，导师也为我们营造了类似的场景，他们要求我们能够随时为与我们的工作相关的每一个陈述、想法、计划或行动进行辩护。这种互动促使我们意识到，我们自己完全有能力应对分享观点时的种种挑战，并且能够做到从容不迫。而一位优秀导师的持续反馈，正是这一成长过程的关键所在。

与本章前面提到的我的论文导师的情况形成鲜明对比的是，我现在非常欢迎建设性的反馈。我总是积极寻求那些能追踪长期目标进展的反馈，并且以此作为决策依据。我宁愿听到与我的提议相悖的意见，也不愿有人因为担心冒犯而不分享他们的担忧。我注意到，许多人会在提出这类意见之前先说些诸如"很抱歉提出这个问题"或"抱歉给您添麻烦了"之类的话。在我看来，没有必要用这样的语句作为开场白，因为这正是我们应该做的。尽可能多地考虑数据点，能够帮助我们在决策时尽可能广泛地捕捉信息。在你努力提升自身表现时，反馈也是如此。我们建议积极寻求尽可能多的反馈来源。

这些反馈来源将涵盖通过追踪你的绩效指标所产生的可量化数据，包括前面提到的计算机辅助反馈。你要充分运用那些经客观绩效指标验证有效的反馈来源。你还应尽可能多地向值得信赖的人寻求反馈。当然，你可能会收到相互矛盾的建议，但多样的反馈来源能够让你综合不同视角，全面评估自己的现状和潜力。最终，这些观点将帮助你勾勒出最准确的现状图景。

提升反馈来源有效性的方法之一，是让自己习惯于听到那些难以接受的内容。这可能要花点工夫。我承认，当我的导师告诉我，我不善于接受批评时，我起初感到一阵愤怒，但这让我意识到这是需要改进的地方。我的导师本可以不指出这一点，继续过他的舒坦日子，而他自己的生活也不会有任何改变。但我最终可能会惹恼一个没那么有耐心的人，而我也可能因此付出某种代价。你要尽可能多地从各种渠道获取反馈，即便一开始很难接受。

你还需要与导师培养一种舒适的关系，让他们能够毫无顾忌地给出哪怕是尖锐的反馈。如果他们给出了反馈，而你的回应却让他们感到不自在，那还有什么意义呢？这并不是说你不能有任何反应，而是要让他们确信，你真心希望得到坦诚的反馈，并且不会因此而心存芥蒂。双方之间必须存在一定程度的信任。音乐制作人兰德尔·福斯特强调了这种关系的重要性。他分享道："拥有值得信赖的知己。在你的活动范围内有导师护航，你可以向他们寻求反馈，他们会给你毫无保留的反馈，而且你尊重他们，这对艺术创作来说真的很重要。我认为每个人都需要有自己的核心圈子。"此外，律师丹妮尔·怀特赛德（Danelle Whiteside）也曾分享：

第十四章 苛刻的听众：寻求反馈或批评

> 我让自己敞开心扉去倾听，并努力去接纳这些反馈。能够有这样的人可以倾诉、依靠、分享，并从他们那里获得滋养，这对我的整个人生、我的发展以及我的职业生涯都产生了深远的影响。如果没有这样的支持，我真不知道该怎么办。

这种信任水平有时被称为"心理安全感"，即"一种能让个体感到安全从而敢于冒险进行人际互动的环境，比如发言、表达担忧、提出问题和分享想法"。从功能上看，它是一种开放的沟通机制。在我们之前提到的例子中，导师和学员在双向反馈的互动中都能感到自在。这种开放的交流能够实现对进展的持续反馈，便于对方法进行调试，并能够及时识别出潜在问题。关键在于，每个人都可以毫无恐惧地畅所欲言。

心理安全感无疑是人们应当努力追求的目标。我们当中几乎没有人会愿意身处一种不敢表达意见的境地。毫不意外，当团队成员体验到心理安全感时，团队内部的"冲突"反而能提升整个团队的表现。在这种情况下，所谓的"冲突"，指的是对于如何完成任务给出了不同意见。当五人团队的成员因高度的心理安全感而能够自由地分享想法时，这个团队的表现就超过了那些经历严重冲突但心理安全感较低的团队。至关重要的是，那些团队成员能够自在地分享想法的团队，其表现也优于那些团队冲突水平较低的团队。事实证明，能够毫无顾虑地与团队成员交流想法是一件好事。正如预期的那样，在少数进行过相关研究的体育领域中，心理安全感被认为对增强团队凝聚力以及提升受训者的幸福感是有效的。

人们担心，"心理安全感"这一术语已经成为新的流行热词，关于这一概念所暗示的含义也引发了诸多质疑。其中一些批评意见与竞技体育领域的特定需求有关，比如，担心这一概念可能导致教练对运动员"过于宽容"，或者削弱技能水平的层级差异。尽管这些关于心理安全感的担忧（即这一概念在被广泛接受的同时也被误解）是在体育领域被提出的，很可能这种担忧也存在于其他采用该理念的领域。因此，我们再次请你跳出各种竞争性方法的框架，重新审视心理安全感的本质，即能够在没有被报复或被排斥的恐惧下，进行开放的沟通，表达担忧和反馈。反馈依然可以像以往一样坦诚，有时甚至可能尖锐。一旦建立了心理安全感，反馈的本质就会清晰呈现，即它是为了提升你的表现而提出的建议。从支持你成功的人那里获得这样的反馈，总比从那些对你漠不关心或希望你失败的人那里获得要好得多。寻找那些能够基于相互尊重的立场，为你提供坦诚的反馈和意见的人。任何遭遇过类似经历的人都会理解你的处境，并在你身上看到一点自己当年的影子。

"你来自哪里？"——寻找导师，获得指导

数千年来，导师制一直是人们成为最好自我的重要助力。苏格拉底的导师角色开启了一代又一代伟大思想家的传承——从柏拉图到亚里士多德，再到亚历山大大帝，每一位导师都将知识和技巧传授给下一任导师。每一位导师都将知识与技巧传递给后来者。尽管我们中无人能达到这些伟大导师的高度，但他们的故事为我们提供了优秀导师制的生动范例。这些师徒关系的形式多种多样，从偶尔的非正式建议，到作为正式课程一部分的系统性一对一指导，不一而足。此外，随着你在某个特定领域的不断深入，非正式的师徒关系往往会逐渐发展为更正

式的师徒关系。

意大利管理学研究者西尔维亚·巴格达利（Silvia Bagdadli）和马蒂娜·贾内奇尼（Martina Gianecchini）对51项研究进行了广泛回顾，这些研究探讨了导师制对职业成功的影响。学者们发现，在大约一半的被指导者（51%）中，导师制与相对较高的薪资和晋升机会呈现出一致的关联性；47%的被指导者未从导师制中获益；2%的被指导者甚至经历了负面的影响。尽管这些参差不齐的结果可以被积极看待，但也提醒我们，导师的素质和指导方式极为重要。在本章的开篇引语中，劳伦·塔什曼博士精准地捕捉到了导师制效果差异背后的复杂情况。

得知大约有一半的被指导者没有从导师制中获益，甚至受到了负面影响，这实在令人沮丧。我们不仅要经历寻找潜在导师（或被导师选中）并培养师徒关系的过程，最终可能还会发现这种导师制毫无效果。值得欣慰的是，研究人员发现，只有极少数被指导者因选择了一位特定的导师而受到了实际伤害。此外，你很可能会在成长过程中拥有不止一位导师。关注所有反馈来源，并识别出谁提供的建议或反馈最有价值，这将帮助你决定哪些导师的意见最值得重视。你也会逐渐明确自己更喜欢的导师风格以及最需要的指导内容。这样，你就可以根据自身进步情况，进一步调整自己的导师阵容，或增或减。我们可能会根据具体问题，选择不同的导师进行咨询。在长期且成功的师徒关系中，你会发现导师往往会主动察觉到你即将面临的需求，并提前采取相应行动。

可以肯定地说，我们大多数人都对导师制持乐观态度。巴格达利和贾内奇尼的调查显示（2019年），超过半数的员工将加薪和晋升的成功归功于导师制。此外，那些被认为没有从导师制中获得加薪或晋升的另一半员工，也有可能在其他方面获得了不同程度的益处。这或许体现在一些细微之处，比如导师提供的建议或反馈对某件小事产生了积极影响，或者导师仅仅作为一个倾诉对象，帮助他们应对了棘手的问题。

基于我们的经验，我们提出以下几种方法来增加与优质导师合作的机会：①让自己脱颖而出；②即使在小事上也要表现出色；③乐于接受指导；④积极建立人脉或主动融入；⑤培养师徒关系并主动询问；⑥为导师提供方便。接下来，让我们更详细地探讨每一种方法。

我们专门用了一整章（第十三章）来讲述增加获得导师指导机会的第一种方法，那就是"让自己脱颖而出"。乍一看，这似乎有些平淡无奇，因为导师制本身就能增加脱颖而出的机会。这似乎是一个常见问题的变体："我怎样才能获得那些需要经验的工作所要求的经验？"然而，那些表现出色的潜在导师，往往会对努力的人印象深刻。如果你表现出色，或者哪怕只是看起来在认真投入工作，他们也会被你吸引。如果你比你的同行们付出更持续、更稳定的努力，就很可能会吸引到那些能够帮助你的人。只要你以一种"该出手时就出手"的方式行事，就很可能会得到正确的指引。

另一种增加与导师合作机会的方法是尽可能在任何时候都表现出色。我们向你保证，即使是小事，潜在的导师也会注意到，而这些小事加在一起，就会使你成为导师心中理想的徒弟人选。你甚至可能不知不觉间积累足够的成就，从而成功脱颖而出。

《沙发即兴演奏》（*Couch Riffs*）播客的创作者迈克·斯奎尔斯（Mike Squires）是一位资深音乐人，曾与一些音乐界的大师级人物合作过。迈克在《精炼之路》播客中分享道，要让自己在导师面前脱颖而出，如果说你非常关心某件事情，那就

"证明给他看"。

善于接受指导也很重要。你要准备好听取反馈和建议,并根据反馈和建议采取行动。提供反馈或建议却被置之不理可能会令人沮丧。你总是需要分辨哪些建议值得采纳,但如果总是对导师的大部分建议置若罔闻,可能会导致导师停止为你提供建议或指导。

拓展人脉或涉足某个领域也能增加你获得导师指导的机会。莱瑟伍德酿酒厂的创始人安德鲁·朗提到了人际关系的共生本质:"人脉极为重要。当你遇到愿意帮助你的人时,尽你所能去回报他们,这往往会让他们把你介绍给更多人。"回顾第八章的内容,布莱恩·贝茨,一位脱口秀演员,也是《奈特的地盘》播客的联合主持人,他通过在喜剧俱乐部与其他喜剧演员频繁互动,深入地融入了喜剧领域。这些社交机会使他得以在全国范围内的大型场馆中登台表演。虽然你通过社交活动获得的益处可能与布莱恩的不同,但同样能够为你创造更多的发展机会。而其中某一次机会,或许就能让你与潜在的导师建立起联系。

将潜在导师转变为真正的导师,往往还取决于如何培养这种关系,并且能否直接提出请求。这种直接的请求不一定非要是"您愿意做我的导师吗"。它可能更像是一种关于某个共同领域的建议请求,或者询问对方是否可以就某件事情提供意见。在非正式的导师与徒弟配对关系中,最直接的请求可能类似于:"您愿意和我一起……吗?"省略号处可以填写与你的需求领域相关的某件事。安德鲁·朗分享了他寻求建议的经历:"我确实遇到个难题。您能帮我吗?"结果是,90%的人都愿意帮忙。

另一种获得导师指导的方法是为导师提供方便,帮助他们解决一些他们已经承担的事务。为潜在导师减轻负担可能会带来诸多益处：一方面，你可以通过提供支持来帮助他们缓解压力；另一方面，这也能为你创造机会来建立与他们的关系，并为自己赢得新的成就。然而，这种做法也存在一定的风险，因为你的参与可能会导致他们的工作量反而增加，所以，你要确保自己在这种情况下能够独当一面。否则，这种方法可能会适得其反，因为它为这段关系带来了负面的初始印象，从而不利于你获得导师的指导。如果师徒关系已经确立，你的参与无疑会占用他们更多的时间和精力，但此时导师应该能够清楚地评估出你所需要的支持程度，但此时导师应该能够清晰地感知到你需要他们投入的程度。

本章总结

在本章中，我们建议每个人都应该积极主动地寻求反馈和批评。尽管我们可能口头上声称愿意接受，但许多人实际上在面对反馈和批评时仍会感到困难，因此我们需要努力在这方面做得更好。重要的是要开发出衡量表现的有效方法，并将这些方法用作评估进步的工具。通过这些衡量标准，我们可以判断是否需要做出调整。在寻求反馈时，识别潜在的导师会带来诸多益处。我们提供了一些寻求指导的方法，并且提醒大家警惕错误指导可能带来的风险。最终，能够获取未经筛选的反馈十分有益，而心理安全感能够帮助建立一种有利于最大限度提升表现的关系。

📝 练习：我是最棒的

该练习旨在帮助你制订一个计划，以便为获取反馈或建设性批评做好准备。练习的第1题要求你开展头脑风暴或研究，从而找出你追求/感兴趣的领域中的潜在反馈来源。第2题则要求你确定目前使用了多少这样的反馈来源。

1. 我们知道，反馈最好来自多个渠道。针对你所在的特定领域或从事的活动，对潜在的反馈来源做一些研究。

_____
_____
_____
_____
_____
_____
_____

2. 回顾你在第1题中提供的案例。你目前融合了多少种反馈来源？针对你目前尚未使用的反馈来源，制订一个具体的整合计划。

_____
_____
_____
_____
_____
_____
_____

15 第十五章 Overcoming Obstacles and Finding Success

不推销自己的成就：
自我推销不是自吹自擂

> 最重要的是要明白，吹嘘你所做的那些琐碎小事和展示你的能力以树立专业形象之间存在着巨大的区别。
>
> ——泰勒·蒂姆斯
> **博士研究生**

> 我总是跟人们说，做自己觉得舒服的事就行。这没什么硬性规定。我认为，重要的是要让别人了解你的成就。但我自己在这方面做得还不够。
>
> ——凯文·拉皮洛
> **乡村音乐艺人罗德尼·阿特金斯的音乐总监兼鼓手**

当我的航班降落时，我的内心交织着紧张与兴奋。我即将去一所大型大学参加求职面试，而且我的博士论文答辩也近在眼前。我有几方面的优势，可以增加获得该职位的可能性。我工作努力，作为一名应届毕业生，我发表的论文数量也很不错,而且我曾与该领域最知名的一位学者合作过。虽然面试似乎进行得很顺利,但我得到消息说他们要另选他人。我的关键错误在于,我期望自己令人印象深刻的简历能够为自己代言,而没有进一步阐述简历上的内容,也没有提供其他成就的示例。经过一番反思后,我改变了策略,将自己稍微推出舒适区,开始主动提及此前的一些成功经历。这种新的方法最终奏效了,我收到了多份工作邀约以供选择。在这一章中,我们将讨论学会推销自己和自己的成就的重要性,并帮助读者在分享自己的成就时找到一种舒适感。

约翰是史上最出色的舞者。真的,不信你去问他。他自己会说:"我是史上最出色的舞者。根本没人能跟我比。"斯泰西(Stacey)和她的朋友们有机会在舞池上观察约翰的舞姿。她们的反馈却大相径庭。她们觉得他跳得并不好。她们的原话是:"跳得糟透了!"而且不只是斯泰西和她的朋友们这么评价。事实上,所有被问及约翰舞技的人都有同样的看法。为什么约翰对自己舞技的印象和旁观者的看法会有如此大的差距呢?约翰只是强调他对自身表现的主观评价,却没有其他反馈或依据来支撑他的说法。很可能有人已经对约翰的舞蹈给出了反馈,或者本可以给出反馈,但他要么没有主动去寻求,要么选择了充耳不闻。

我们在之前的章节(第十章和第十四章)中讨论过邓宁—克鲁格效应,即高估自己相对于同行或实际表现水平的能力的现象。我们也讨论过反馈在评估和提升表现方面的重要性(第十四章)。我们希望在本章中强调的问题是,推销自己的成就与自吹自擂截然不同。我们中的许多人在谈论自己的成就时会感到不自在,感觉就像是在自吹自擂。我们不想像约翰那样给人留下不好的印象。好消息是,推销自己的成就与自吹自擂有着本质的区别。

让我们设想一个世界，在这个世界里，约翰实际上是个出色的舞者。但他说自己是世界上最出色的舞者，你还是会认为他在自吹自擂。但是，如果他向想为电视节目聘请舞者的人列举他在舞蹈比赛中的获奖经历，那就不算自吹自擂。在第二种情形中，约翰只是在分享自己的成就。这非常客观真实。

以这种方式分享你的成就在各个领域都适用。比如，你在棒球比赛中的击球率、每年募集到的捐款数额，或者你出版的书籍的数量，这样的例子不胜枚举。我们必须适应以实事求是的方式推销自己。我们都会面临与其他众多竞争者争夺心仪机会的场景，大家都渴望脱颖而出，赢得青睐。在这种情况下，隐瞒你的成就肯定会提高你被淘汰的概率。在接下来的章节中，我们将探讨为什么我们对推销自己的成就感到不自在，不自我推销的后果是什么，以及一些帮助你更自在地推销自己的成就的方法。接下来，我们先来分析一个可能让我们在展示成就时感到不自在的原因，即同行比较。

"瞧瞧那个自以为是的家伙"

基尔斯滕（Kiersten）在小学时就被认定为同龄学生中的佼佼者，因而被选入一个旨在丰富其教育体验的项目。这是一个课程强化项目，专为那些可能觉得传统课程枯燥的学生设计。基尔斯滕对这个机会感到兴奋，并在征得父母同意后立即报名参加。然而问题来了，这个项目是在另一所学校举办的。她所在学校被选中的学生得乘公共汽车去那里。他们在门口的走廊里排队等车。虽然被选中是一种荣誉，但基尔斯滕讨厌在那个队伍里等待，因为同学们能看到她，还能对她指指点点。

第十五章 不推销自己的成就：自我推销不是自吹自擂

更糟糕的是，他们不得不步行去找停在停车场的公共汽车。基尔斯滕讨厌这种被众人瞩目的感觉。有些同学还指责她自以为比他们更优秀（或更聪明）。基尔斯滕的参与仅维持了一周多，因为那些不友好的关注让她感到不适，她最终选择退出。在第六章中，我们讨论了限制目标范围的问题。这其中包括有人可能会因为身边人的压力而自我设限。这种情况通常源于一种认知，即人们会因为努力提升自己而被他人负面看待。这种限制自己"不要设定过高目标"的压力的根源在于旁观者的自尊心受到威胁。这种对自尊心的威胁可能导致他人对你和你的雄伟目标产生负面情绪。而我们在推销自己的成就时犹豫不决，也可能源于类似的担忧。

当有人问起你的目标或你生活中的具体细节时，你或许也曾感受过这种负面情绪。无论是立志当音乐家、医生，还是打算上大学，都可能引发他人的负面情绪。尤其是当我们期望得到他人的支持时，这种反应会更令人惊讶。尽管如此，我们也不应该因为有目标并为之努力而感到羞愧。你克服了重重困难，才取得了今天的成就！在这个过程中，你也可能因这种负面情绪而一度想要放弃。这种情绪以及由此产生的不安全感可能一直追溯到小学时期，正如我们在基尔斯滕的例子中看到的那样。同样，在学校颁奖典礼上多次获奖的优秀学生也常常受到负面评价。这种反应很可能是由于其他同学因为没有获得那些奖项而感到被忽视，以及由此产生的自尊心受挫。那些遭遇嘲讽的获奖者，往往最终会选择将成就默默隐藏起来。我们或许也曾有过类似凯文的感受：我们可能拥有一份令人印象深刻的简历，也觉得把成就写在纸上比当面谈论要容易得多。这种压力是否也存在于更广泛的社会中呢？

"你永远达不到我这种谦逊的境界"

社会让我们很难在与他人讨论自己的成就时不觉得自己在自吹自擂。我们常常被教导要谦逊低调，绝不能"自吹自擂"。还记得本章前面提到的约翰吗？我们对他的描述可能会让你感到厌烦。"自吹自擂"这个词带有贬义色彩。如果我们觉得自己的行为像是在自吹自擂，很可能就会保持沉默。许多研究生对此深有体会，尤其是当谈到他们作为学生发表的论文数量时。假设詹娜（Jenna）发表的论文比莎拉（Sarah）多，而且简历也更丰富。如果詹娜在午餐时跟莎拉谈论自己的成果以及正在筹备的其他事情，她可能会觉得自己是在吹牛。艾米丽（Emily）在应邀担任硕士论文答辩的外聘考官时就有这种感觉。她必须提交自己的简历，以证明自己有资格成为该领域的"专家"，而且，回复她的人还评论说她的简历很出色。在答辩会上，在学生进来之前，大家又把她的简历和所有成就拿出来讨论了一番。艾米丽感到很不自在，因为她不确定评委团的其他人的简历是什么样的。她不想谈论自己的简历，因为她不想让人觉得她在吹嘘。

社会上有一种未明言的准则，即我们应该对自己的成就保持谦逊，而这种准则对某些群体的影响可能更为显著。有趣的是，研究人员发现，女性更倾向于提名其他女性或分享其他女性的成就，而不是提名自己或分享自己的成功故事。当女性谈论自己的成就时，她们被认为违背了"应当谦逊"的性别规范，因为社会普遍期望女性比男性更加谦逊。然而，当女性谈论其他女性的成就时，她们不会被视为违反这一性别规范。这些性别规范可能会在我们很小的时候就已深植内心，以至于在长大后很难克服，而且它们会引起负面的生理唤醒，从而增加焦虑感。

因此，女孩和女人在谈论自己所取得的成就时很容易感到焦虑。这是否意味着她们会因此而减少对自己和自己成就的宣传呢？答案似乎是肯定的。还记得第八章中提到的一项研究吗？在该研究中，研究人员杰西·史密斯和梅根·亨通要求女大学生撰写一篇文章，解释她们为什么值得获得奖学金。这项特定的研究是经典的生理唤醒的错误归因研究的一种变体，其中的生理唤醒是基于环境中的线索来解读的。例如，听音乐时产生的生理唤醒被解释为性吸引力，其测量方法是，与无声条件相比，听音乐的参与者对呈现在面前的人脸的吸引力评分升高了。当这些女性被告知房间内会播放一种潜意识噪声，这会让她们感到不适时，她们在撰写关于自己为何值得获得奖学金的文章时会进行更多的自我推销。自我推销让这些女性感到不适，以至于她们往往会有所保留，除非她们能将这种不适归咎于其他原因。

这些结果支持了这样一种观点，即由于女性通常不习惯自我推销的做法，所以她们往往会低估自己的价值。和其他人一样，女性必须明白，谈论自己的成就并非自吹自擂或自抬身价。这正是前面提到的积累"成就清单"这一概念的作用所在。它让我们能够毫无顾忌地与他人分享。在适当的情况下分享成就清单时，我们只是在陈述事实。每当我们低估自己时都必须意识到，别人也会谈论他们的成就，而他们可能会获得奖学金、找到工作或赢得奖项。我们必须宣传自己的成就，没有人比我们更了解自己的成就。

传统观念认为不应自我推销，这种压力非常大，以至于一些人诉诸所谓"谦逊式自夸"的做法。这是一种通过以更消极的方式呈现自己的成就来避免吹嘘感的方法。比如，米歇尔（Michelle）在三个不同的校区获得了一个助理教授职位的现场面试机会。这是一项相当了不起的成就。但她没有直接这么说，而是说了句这样的话："我有三所不同学校的面试要准备；现在，我得做更多的工作来研究这些学校。"请注意，这句话的前半部分（"我有三所不同学校的面试要准备"）是她的成就，但为了让自己看起来不像是在吹牛，米歇尔将其与抱怨（"现在，我得做更多的工作来研究这些学校"）结合在一起。虽然米歇尔本人可能觉得自己是以谦逊的方式在宣扬自己的成就，但她的同事塞泽尔（Sezar）等人认为，谦逊式自夸中的抱怨部分可能会显得不真诚。真诚是自我推销成功与否的关键决定因素。我们建议坚持使用这样的方法：积累一份值得称道的成就清单，并在需要自我推销时（比如，求职、研究生入学面试、争取赞助、促成销售）自在地分享这些成就。

莱瑟伍德酿酒厂的创始人安德鲁·朗分享说，尽管酿酒厂的品牌主题基于他的军旅生涯，但他花了很长时间才能够自在地分享自己的成就，包括在绿色贝雷帽特种部队的服役经历。他说："我们的整个品牌都是围绕我在特种部队的职业生涯展开的——包括品牌标识的设计及其背后的故事线。实际上，我花了两年时间才真正能够自在地讲述其中的一些故事。"他说他的导师们曾经这样反问："如果你不讲述背后的故事，那品牌背后的故事还有什么意义呢？"他补充说，正是导师们的建议让他意识到应该坦然面对自己的成就。

"这是什么心理？这种心理是好是坏？"

我们在本书中通篇讨论了冒名顶替综合征，并在第三章中用了整整一章来阐述这一话题。简单来说，冒名顶替综合征就是感觉自己是个骗子。这可能表现为觉得自己不知道自己在做什么,害怕所有人都会发现自己的骗子身份,或者自己所有的成就都是靠运气而非能力得来的。在推销自己的成就方面,冒名顶替综合征可能会以多种方式表现出来。其中之一就是我们担心在讨论自己的成就时,会被问到一个自己当下无法回答的问题。这可能会加剧我们不知道自己在做什么或者害怕会被发现是骗子的恐惧。因此,为了躲避冒名顶替综合征带来的这些恐惧,我们选择不跟任何人谈论自己的成就。这种恐惧并非毫无根据,因为利益相关者常常会提出一些旨在测试你能力的问题。例如,一位经验丰富的摄像师可能会问新手使用的是什么设备,或者询问某个特定的功能。这可能只是出于好奇而提出的问题,也可能是一种快速评估新手技能水平的测试。这位新人在回答问题时很容易就暴露出自己是个彻头彻尾的新手。

另一种可能性是,由于冒名顶替综合征的存在,我们可能根本无法认识到自己的成就。如果你倾向于将自己视为一个冒充者,那么你很可能无法准确把握自己所取得的成就。即使你确实意识到这些成就,你也可能会轻视它们的实际意义。这种认知偏差可能体现在方方面面:从你擅长散文写作的程度,到你对某一专业领域的精通程度;从教科书般标准的吉他弹奏技巧,到完美规范的高尔夫挥杆动作;等等。对于一些人而言,他们甚至没有察觉到自己向学习者解释事物时的那种轻松自如。冒名顶替综合征会蒙蔽我们的双眼,让我们对一路上大大小小的成就视而不见。那么,当我们认可了自己的成就,却将其归功于运气而非自身的努力和能力时,又会怎样呢?

回想一下上一次有人对你无礼或在马路上强行超车的场景吧。你肯定对那个肇事者有一些特别的想法,至少你在心里咒骂过他。他无疑是个粗鲁的人,或者是个心肠狠毒的人,绝对是个你不愿意花太多时间与之相处的人。然而，如果他正急着送家人去医院，或者刚刚收到了噩耗呢？基本归因错误模型将对某人行为的最初解释（例如，他是一个粗鲁的人）与考虑发生在此人身上的事情区分开来。该理论建议采用一种兼顾性解释框架，即考虑当事人可能遭遇的外部情境因素，即外部归因或情境归因。基本归因错误很常见，而且大多是在我们不知不觉中发生的。我们的第一反应往往是考虑内部归因，即学生迟到"是因为他们不尊重别人"，却不知道他在路上遇到了意想不到的交通堵塞。收银员态度恶劣"是因为他是个刻薄的人"，却不知道这是他连续当班的最后一小时，更不知晓他前夜还因照顾新生儿而整夜未眠。

自我服务归因偏差是一个相关概念，根据这一概念，成功通常归因于内在素质（比如，商业头脑或运动能力），而失败则归因于外部因素（比如，不称职的合作伙伴或设备故障）。然而，患有冒名顶替综合征的人可能会反其道而行之，将成功归因于外部因素或情境因素（比如"只是运气好"），而不是自身的特质（比如"我很聪明，测验之前随便学一下，就能考及格"）。当我们这么思考的时候，就更难谈论自己的成就，因为我们并不一定相信自己配得上这份认可。在试图克服冒名顶替综合征时，一个显而易见的目标就是重新构建我们的思维模式，将成功和成就归功于我们自己，而非外部因素。接下来，我们将考虑一些潜在的方法，帮助我们更自在地展示自己的成就。

"再来一个"——积累成就的影响

我们鼓励你们尽快开始积累成就并对其进行跟踪记录（关于如何脱颖而出的更多内容，请参阅第十三章）。你们当中很多人已经在这么做了。我们建议其他人现在就可以开始记录，并将过去的成就补录进来。设想一下，在上一财政年度，你领导一个由30名员工组成的团队创造了超过2.54亿美元的收入，比上一年增长了3.5%。分享这样的信息就是在陈述事实，不应被视为自吹自擂。但如果你仿效约翰的做法，声称自己是史上最出色的主管或销售员，那可能就属于吹牛了。关键在于，实实在在地积累一份你的成就清单，这会为你提供令人印象深刻的事实信息以供分享。这可以是之前2.54亿美元销售额的例子，也可以是你在优质刊物上发表的一篇文章，还可以是你在过去五年中连续赢得全市网球锦标赛冠军。这些成就将与你个人以及你的追求密切相关。目标是通过梳理和识别这些成就，让你能够轻松且自信地谈论它们。你可能需要通过练习来识别自己正在做或已经完成的所有努力，这些努力能够证明你一直在付出。识别这些成就，或许还能增强你的自信心和自我效能感。

到目前为止，我们在本书中讨论过的所有领域中，自信心都是一个隐含的要素。自信心可以被理解为我们对自己在特定任务或某种情境下表现如何的主观认知。在考虑运动表现时，自信心可以指运动员对自己在特定任务中的表现预期，而非对自身整体能力的评估。这是一个重要的考量因素，因为积累"成就清单"可以让我们看到自己确实有能力表现出色，至少能出色完成相关的任务。在理想情况下，这会增强我们在某一领域（无论是学术、体育、职业，还是其他领域）取得成功的信心。具有传奇色彩的阿尔伯特·班杜拉（Albert Bandura）在20世纪70年代提出了"自我效能"理论，这一理论至今仍在广泛使用。班杜拉认为，这一理论包含四个要素：表现成就、替代经验、言语劝说和生理唤醒。

表现成就或许是这些要素中最为重要的，因为它基于我们自身的成就。如果我们做得好，自我效能就会增强；反之，如果我们做得不好，自我效能就会降低。现在让我们以黛比（Debbie）为例。她花时间培养了入职时所获得的所有潜在客户，并且成功完成了三笔交易。黛比至少在销售方面的自我效能会增强。然而，如果马克（Mark）花了几周时间联系他的潜在客户，尤其是那些高潜力的客户，却没有任何销售业绩可报，他的自我效能就会降低。在这种情况下，谁更有可能在适当的时候推销自己的成就呢？黛比！因为她销售业绩出色，自我效能得到了提升。当她试图获得晋升或跳槽到另一家公司时，她可以分享自己在跟进潜在客户和完成销售方面的成功经验。不幸的是，马克需要依靠其他成就或扩大自己的工作成果，才能把自己推销为成功人士。

班杜拉"自我效能"模型的第二个和第三个要素，即替代经验和言语劝说，在自我效能方面没有成就感那么有用，尤其是在本章的语境中。替代经验背后的理念是，我们会试图以他人为榜样。换句话说，我们可能会通过模仿更有经验的人来确定自己做的事情是否正确。当我们开始一份新工作时，通常不具备完成日常工作所需的所有技能，因此，我们必须观察别人在做什么，并不断寻求反馈，从而确保我们以正确的方式做事。然而，这一点的应用取决于众多因素，这里就不一一赘述了。例如，患有冒名顶替综合征的人不可能做出准确的评估，也不可能知道如何选择合适的人来进行比较。班杜拉"自我效能"模型的第三个要素"言语劝说"，在这里指的是自我激励（我们告诉自己做得很好）或外部肯定（他人给予的积极反馈）。正如你可能已经了解到的，可能有人不相信这两个来源。因此，一旦"不承认自己的成就"（或冒名顶替综合征）等问题得以解决，这两个特殊的元素就会发挥作用。

第十五章 不推销自己的成就：自我推销不是自吹自擂

尽管我们已经列出了自己的成就，但向别人简单陈述自己的成就，往往会让我们感到不自在。当我们被置于需要推销自己的情境中时，我们的生理唤醒水平会告诉我们自己在这样做时的舒适程度。我们都有过这样的经历：无论是在大型考试、求职面试前，还是在投球前，我们的生理唤醒程度都会提升。你们当中有些人已经能够自在地分享自己的成就。恭喜你们！这可能是因为你拥有较高的自我效能感和自信心，让你对自身感到自在。

如果我们能找到增强自信心的方法，我们就可能会更加自在地讨论自己的成就。这一点很微妙，但却很重要，因为这是我们应得的权利！本着这种精神，我们已经提到，承认自己的成就是实现这一目标的一个步骤。另一个让我们更自在地分享成就的方法是进行练习。我们采访了一位成功的演员兼导演塔隆·比森，他对"自吹自擂"与"自我推销"的区别有着独到的见解：

> 我认为自吹自擂和陈述事实是不同的，比如，"我应聘了这份工作"，这是事实。"我应聘了这份工作，所以我比你厉害"，这是自吹自擂。因此，我认为，只要我们能认清这两件事之间的界限就可以。我们所做的事情，其实很难做到自我肯定。这又回到了礼貌的问题上。哦，我不想出风头。我能理解这种想法。我不喜欢成为众人瞩目的焦点。我更愿意做我自己的工作，然后完成就好了。我不是那种喜欢在演出结束后出去与粉丝见面，并且很享受被人轻拍后背表达赞美的演员。实际上，这是我在这个世界上最不喜欢的事情……我就在那里做我的工作，我的工作是我喜欢的事情。所以，这与荣誉无关，也不是为了让自己显得更了不起。我觉得就是要做你该做的事，然后，以你的工作为荣。

他还说:"不要隐藏你的光芒,勇敢地展示自己。把你的光芒洒向世界。"

这是非常重要的一点,原因有几个。我们不应该因为觉得自己是在吹牛而减弱自己的光芒或淡化自己的成就。我们鼓励大家练习分享自己的成就。我们越是能够自在地分享我们的成就,就越有可能实现我们的目标。我在本章开头描述的经历就是如此。我努力让自己能够自在地谈论自己的成就,结果在求职过程中获得了很大的帮助。没有工作机会变成了有多个工作机会。我们在最近的职业发展课程中,观察到学生们普遍对推销自己的成就感到不自在。在为本书进行的一次访谈中,我向受访者阐释了为何要征询他们关于"成就展示"的建议:

> 这个问题的背景是,我的很多学生都相当年轻,有的还是大二学生。他们已经取得了很大的成就,我也看到他们做了很多伟大的事情。但是,当你让他们开始阐述他们所做的事情时,他们几乎总是什么也不说,或者嘴里没什么好话。我想,他们可能是做了自己不想承认的事情,或者是不想说出来。一旦你意识到他们确实知道自己在做这些事情,然后你开始和他们交谈,他们就会说:"嗯,我不想给人留下自吹自擂的印象,你懂的。"或者说,社会(有时是他们的父母)一直在教导他们,不要自抬身价,也不要拼命出风头。所以,我们想做的一件事就是从成功人士身上汲取智慧结晶,然后把这些宝贵的智慧传授给他们。你已经指出了我在课堂上告诉他们的东西。如果你做了很多事,完成了很多事,你就不是在自吹自擂。你只是在告诉别人。你是在分享你所取得的成就。

霍布纳尔徒步旅行公司的联合创始人霍利·约翰逊（Holly Johnson）重申了这一点，即推销我们的成就在职业发展中是令人不舒服但又必要的一部分：

> 你在找工作时必须这样做。这让你很不舒服，但你还是要做。我认为这很大程度上取决于你讲故事的方式。我不认为马克（在这次采访中）说的任何话听起来都像是在自吹自擂，因为他说的是他已经完成的事情。因此，我认为怎么说比说什么更重要。对于评估者或观察者而言，你的问题是在某人试图找工作、创业或做其他什么事情的背景下提出的，还是只是在一般情况下提出的，这一点很重要。

重申一下霍利的观点，如果我们在追踪自己的成就，但在讨论这些成就时感到不自在，那么，我们可以注意一下如何措辞。一直以来，我们的想法都是以强调自己的成就为主。例如，与其说"我是这个职位的最佳人选"，不如分享一下使我们成为最佳人选的成就。你可以这样说："在ABC公司任职期间，我管理着一个五人团队，在我的领导下，我们的项目完成率连续三年同比至少提高了5%。因此，我们被评为公司的最佳团队。"这也可以是你对具体销售额的陈述、对自己参与的研究项目的介绍，或者是对运营时间的描述，每一项展示都能证明一项具体的成就。这些例子非常简短；它们很可能会作为（霍利提到的）整体叙述的一部分，用来分享你的工作成果。如果我们能够掌控我们如何呈现自己成就的叙述，我们可能会更愿意讨论这些成就。归根结底，我们需要在推销自己时感到自在，因为这有助于让我们在追求目标时更具竞争力。

本章总结

在本章中，我们认识到，谈论自己的成就会让我们感到不舒服，因为我们觉得自己在自吹自擂。社会倡导我们不要以自我为中心，而且我们很多人也想避免给人留下自以为是的印象。然而，我们提出，我们必须能够自在地分享我们所取得的成就，因为我们最有资格这样做。此外，我们的竞争对手也会推销他们自己的成就，这将对他们有利。最后，我们提出了一些策略，帮助我们自在地推销自己的成就。

📝 练习：请列举三点

这个练习分为两个部分，目的是帮助你轻松自在地分享自己的成就。练习的第1题要求你针对下面列出的每一类问题写下三个（或更多）例子。第2题则要求你确定三个（或更多）可以与之分享你的成就的人。我们强烈建议你坚持分享这些成就，因为这将帮助你逐渐适应分享自己的成就。

1. 请针对以下三个问题各提供三个（或更多）例子（别忘了"蓝莓"！）。请记住，这些例子应当具体，并反映切实的成果。

我的成就包括：_____
_____
_____

我擅长的领域：_____
_____
_____

公司聘用我或导师指导我的理由包括：
_____
_____

2. 确定三个你打算与之分享你的成就的人。
_____
_____
_____
_____

16 第十六章 Overcoming Obstacles and Finding Success / 给有志者的建议

我们已经进入最后一章。这一章的构思比其他章节要晚。直到我们深入采访了众多高表现者之后才意识到，他们针对我们提出的问题"你会给那些正在努力向上攀升的人什么建议"的回答，可以产生足够丰富的内容，构成一个独立的章节。有时他们的回答与书中其他部分的内容有所重叠，有时他们的回答涉及我们未曾探讨过的情况或话题。甚至在几次采访中，我们都忘了问这个问题。然而，我们还是意识到他们所分享的建议具有极大的价值。这些智慧来自在其领域取得巨大成功的高表现者，如畅销书作家、演员、全球巡演的音乐家、电影和视频游戏动画师、职业运动员和世界知名学者。

这份名单上的人或许看似取得了遥不可及的成就，但我们不应如此看待他们。考虑到这种可能的误解，我们曾讨论是否要过多关注这些高表现者。最终，我们决定继续聚焦他们。事实证明，这是正确的选择，因为我们了解到，大多数嘉宾为了走到今天，付出了巨大的努力，甚至仍在不断奋斗。他们中的许多人起点平凡，却一步步攀登至高处。这些正是我们想要挖掘的故事类型，即每个人都有机会踏上成功的旅程。需要明确的是，我们并不是在宣扬"人人都有无限可能"这一观点。我们中的许多人确实很难达到自己所在领域的巅峰。比如，在争夺3个名额时，即使表现优异，排名第四的人仍会被淘汰；同样，400人竞争5个研究生名额，395人注定要另谋出路。你们所面临的环境各不相同。不过，可以肯定的是，你们中几乎没有人能轻松达成目标，有也是凤毛麟角。

本书中建议的策略可以为你提供助力，帮助你坚持自己的追求，并有望找到实现目标的途径。在审视我们邀请的高表现者所给出的建议时，我们发现了一些一致的主题：①要意识到成功之路漫长而遥远；②清楚自己的目标和即将踏入的领域；③你需要花时间学习并付出努力；④设定可衡量的小目标；⑤在追求目标的过程中帮助他人，并积极拓展人脉；⑥敢于冒险，挖掘那些微小的机会。接下来我们将逐一展开这些主题。

高表现者建议1：成功之路漫长而遥远

我们在第一章中提出，根据我们数十年来对高表现者的研究，"要想真正精通某件事，通常需要在正确的事情上努力一段时间"。这第一条建议强调的是引语中的"一段时间"。回顾第一章，"高表现者倾向于花时间参与旨在提升表现的活动"是一个相对较新的观点。它与另一种观点相悖，即我们的表现受限于我们无法突破的先天"表现天花板"。高表现者的建议反映了需要在一段时间内努力做某事才能取得成功的必要性。

世界知名的专家表现研究者A.马克·威廉姆斯将这一追求过程描述为"漫漫长路"。艺术家兼艺人管理人贾斯汀·考西也有同感："这不是一朝一夕的事。"他还补充说："可能要花上十年时间，你的努力才会被注意到。"他还说，如果你希望很快看到成效，请三思而后行："你不可能在起步之初就看到成果。"因为你的努力几乎总是需要时间才能得到回报，所以，人类表现研究专家彼得·法德建议，任何有抱负的表现者都应该尽早踏上征程。他还补充道："要在真正需要之前就开始行动。"法德认为，只要早做准备、投入时间，训练的效果会在关键时刻显现，尤其是在竞争愈发激烈之时。因此，成为高表现者不仅需要时间，更是一场艰苦的旅程。

然而，作为旁观者，我们往往只看到最终的结果——高表现者因其出色表现而获得的回报。"碎南瓜"乐队巡演成员兼创作型歌手凯蒂·科尔补充道，艰苦的工作是大多数人不愿意分享的部分，也是许多人不愿意看到的部分。这个过程的一部分是让自己置身于愿意与你结伴而行的队友当中，让他们陪伴你走过这条漫漫长路。她还说："你还需要那些能激励你发挥出自身最大潜能的人。"由于成为高表现者的道路如此艰辛，人类表现研究专家戴维·埃克尔斯建议，如果你希望自己的努力能够持续下去，就要在奋斗计划中加入精神休息或恢复环节。

高表现者建议2：清楚自己的目标和即将踏入的领域

我们采访的那些高表现者还提到另一个主题，那就是你应当对即将踏入的领域有一个现实的认识。无论从哪个角度看，要抵达我们心之所向，这都是一段漫长而艰辛的旅程。我们分享了凯蒂·科尔的感受，她认为那些正在经历这段旅程的人，往往不会分享其中的艰辛。她还谈道，我们最终在社交媒体上看到的内容经过了精心策划和筛选。比如，完成一次世界巡演可能非常艰辛，但社交媒体上只会展示其中最精彩和最有趣的片段。这可能会导致粉丝甚至其他音乐人评论说他们"参加巡演一定很惬意"。于是，凯蒂分享了她对这种认知的看法：

> 他们对我说"我也想巡演"，却不知道我在台上表演时，脚趾骨折了；或者我生病了，身体极度不适，却还得坚持演出。我甚至嘴里含着润喉糖唱歌，生怕咳嗽声传到麦克风里。人们在社交媒体上看到这些，就觉得"这就是生活该有的样子"，或者说，这是生活的写照，其实不是。这只是生活中的很小一部分，而那是经过精心雕琢的版本。

需要明确的是，凯蒂非常感激能够参加巡回演出并过上她如今的生活。但重点是要强调，即便是最好的机会也可能有不利的一面。这可能包括日常训练的辛苦、远离家乡和亲人、没有足够的时间做其他事情、经济投入以及社交孤立。这还远非详尽无遗的清单。鉴于这些现实情况，我们的高表现者强调了既要弄清楚自己努力的目标，又要搞明白自己即将踏入的领域的重要性。漂移赛职业车手胡曼·拉希尼也提出了同样的建议，那就是要知道你为什么选择一条特定的道路。胡曼的建议是：

> 要确保你投身其中是因为你真心想这么做。有些赛车手，我觉得他们投身赛车运动是因为想要出名之类的原因，结果却事与愿违。我认为，如果你真心热爱这项运动，并且清楚自己即将踏入的领域，那么其他的一切都会是值得的。

同为职业车手的泰勒·赫尔也强调了这两点："你必须真的热爱它，是那种发自内心的热爱。而且，你必须愿意做出比自己想象中更多的牺牲。"他随后又补充道：

> 你愿意付出多少，它就会回馈你多少。你对它投入得越多，它给你的回报也就越多。所以，你的成功程度在很大程度上取决于你愿意为之付出的程度。所以，要诚实地问问自己："我真正想要的是什么？为了实现目标，我愿意放弃什么？"当然，玩玩漂移图个乐子也没什么错。

泰勒并非唯一一个强调在开始之前要清楚自己愿意付出什么以及希望达成什么目标的人。贾斯汀·考西在谈到无论追求什么都需要热爱时说："如果你没有真正的热爱，就不要去做。不要去做！因为如果没有热爱，你不会从中得到任何乐趣。我热爱音乐，所以我在音乐中找到了乐趣。"贾斯汀接着提到了成功所需的艰苦磨砺，并表示，如果有人不喜欢自己所做的事情，就应该"去做别的事，否则你会把自己逼疯的"。

喜剧演员亨利·曹建议，关键在于明确自己真正想要什么，然后据此制订计划。霍布纳尔徒步旅行公司的联合创始人马克·约翰逊建议我们先弄清楚自己擅长做什么，然后再围绕这一点制订计划。这与明确自己想要什么的愿望类似，也可能是决定我们最终追求什么的一个潜在因素。音乐家坎德尔·奥斯本建议我们要相信自己的直觉，听从自己内心的感受："如果你对某事有不好的感觉，那多半是对的。而且情况只会变得更糟。"

这里传达的总体信息是，要达到他们那样的成功水平，需要付出巨大的努力和牺牲。任何渴望达到这种水平的人都应该清楚自己即将踏入的领域。这一决定不应仅仅基于作为粉丝或旁观者所看到的那些光鲜亮丽、充满乐趣的部分。毕竟，任何人都能享受那些轻松有趣的部分，而真正的考验在于你是否具备足够的毅力和能力去应对这段旅程中那些艰难的时刻。胡曼·拉希尼建议我们问问自己是否能够应对事情没有按计划进行的情况。他说：

> 我最诚恳的建议是，别只盯着漂移这一方面。想想你的整个人生。我见过二十几岁的车手，几年下来花掉了数十万美元。我想到他们的处境，看到他们还跟父母挤在一个屋檐下。他们没有房子，名下什么都没有，就这样蹉跎了十年。这真的是你想要做出的选择吗？如果你的答案是肯定的，那也未尝不可。如果你愿意为了这个梦想付出如此巨大的代价，那么请坦然接受它，但同时也要做好准备，接受万一未能实现梦想的后果。你愿意冒这个险吗？而放下自尊或许是人们在那种情境下最难做到的事情。

胡曼提到的例子有些极端，因为大多数追求并不需要如此高的经济投入。即便如此，你仍需问问自己，是否能够应对计划不如预期的情况。我们当然希望你永远不会遇到这种情况，但我们认为，你应当清楚在追求目标的过程中可能需要付出的努力和牺牲。

高表现者建议3：花时间学习并付出努力

在高表现者的第一个建议中，我们了解到，我们应该为通往成功的漫长道路做好准备。另一个反复出现的主题是"在正确的事情上努力"（出自第一章中提到的"要想真正精通某件事，通常需要在正确的事情上努力一段时间"）。就像高表现者必须面对的困难和做出的牺牲往往不为人知一样，他们在学习和付出努力上花费的时间也同样容易被忽视。演员兼导演塔隆·比森分享了这样的建议：

> 我想说的是，要学会如何去做这件事。不要做那种只会说"这很简单，谁都能做到"的人。这并不简单。我们花了很长时间学习如何去做，却从未真正做成。我们始终在学习如何把它做好。所以，要学会如何去做。

他通过一次亲身经历强调了他的付出常常得不到认可是多么常见的一件事：在一次派对上，有人找到他，希望他能帮忙在娱乐行业为自己安排配音工作。塔隆回应说，希望对方也能在自己擅长的领域为他安排类似的机会，这需要大量的准备工作，甚至还需要专业学位。对方意识到自己的请求有冒犯之嫌，便不再提了。塔隆补充道："热爱某件事，并不一定意味着你懂得如何做好它。如果你真的喜欢它，你就得花时间去了解它。然后，你自己就能搞定它。"

那么，关于如何投入适当的努力，给出的建议是什么呢？这些建议体现了书中贯穿始终的观点。那位匿名的知名音乐家建议每天都要提升自己。MLB投手亚历克·米尔斯建议你找到一个适合自己的日常习惯并坚持下去。亚历克还强调了设定可衡量的目标的重要性："如果你能设定一些小目标，然后达成它们，那就会有一种成就感。这在心理上是一个可以跨越的障碍，你会对自己说，'好吧，我做到了。'"从所犯错误中学习的重要性，是亚历克和沃尔特·洛德少将都提到的观点。凯蒂·科尔补充道:"你还需要那些能推动你发挥出自身最大潜能的人。"她分享了一个制片人激励她前进的例子:"我会回去重写的。不管写什么,我都要重写。你知道,如果我能写出比之前好5%的东西,那就是实打实的5%进步率。"

托马斯·埃斯特拉达建议,保持"愉快、友好和谦卑"的心态,以开放的态度接受这种每日进步的过程。换句话说,就是乐于接受反馈,不要过于敏感或抵触。托马斯是这么说的:

> 无论你走了多远,你始终在学习,始终在成长。因为你总会到达一个节点,觉得自己已经掌握了一切。不幸的是,很多学生从学校毕业时就已经是这种心态了。就好像你还没踏入这个行业,就已经觉得自己什么都懂了,什么都能搞定了。这样的话,你马上就会失败的。你得放下自负,承认自己还有很多东西需要学习。

他分享了一个在梦工厂工作室参与制作一部故事片时的特殊例子:

> 你或许能做出一部完美的动画片。从技术层面来讲,该动画具备了所有应有的要素。但是,倘若这与导演的设想不符,或者有悖于工作室负责人的期望呢?诸如此类的人物,无论是你的主管还是更高层的领导,我们都得"伺候"好。我在梦工厂工作过,当时工作室的负责人杰弗里·卡岑伯格(Jefrey Katzenberg)会"泡"在供导演审查的样片里,观看我们刚做好的动画。如果你的完美动画恰好与他的想法不符,那就是错的,就是不行。你得重新做。

高表现者建议4：设定可衡量的小目标

我们在整本书中用了一整章（第九章）来专门探讨目标设定的话题，并在其他几章中也多次提及"目标"。因此，几位高表现者分享与目标有关的建议也就不足为奇了。A.马克·威廉姆斯给出了如下关于目标的建议：

> 我认为这个概念等同于你试图弄清楚："为了在这种情况下改进或者做得更好，我需要做什么呢？"然后，你再给自己设定目标和指标，接着努力思考如何实现这些目标和指标。

人类表现研究专家乔·贝克提出，在人生旅途中那些难以预料的阶段，目标能帮助你保持正确的方向。他指出：

> 我给表现者的建议是专注于表现过程的质量。这几乎就是我们在体育运动中采用的那种基本的目标设定方法。它如此简单却又如此强大。专注于你今天能掌控的事情。今天就改进。把今天的事情做到极致。然后将这些连续做到最好的日子与一些短期目标、中期目标和长期目标联系起来。有时事情会超出你的掌控，但这并不意味着你不能连续更多天做到极致，极致之举更有可能把你引向你想走的那条路。

丹妮尔·怀特赛德律师的建议指出，人们往往误以为自己能够掌控结果：

> 根本不存在掌控这回事。你无法掌控一切,你必须真正专注于自己有能力掌控的事情。实事求是地说,尽管你想要掌控一切,但你真正有能力掌控的东西少之又少。你可以控制你自己和你每天所做的事情,但是,一旦涉及他人,一旦涉及你做某事的结果,有很多事情是你无法掌控的。

亚历克·米尔斯之前关于设定可衡量的目标的引述在此也适用:"如果你能设定一些小目标,然后达成它们,那就会有一种成就感。这在心理上是一个可以跨越的障碍,你会对自己说,'好吧,我做到了。'"他还补充说,这些目标很重要,因为成功往往难以衡量。有了这些目标,我们就能确定自己是否达到了目标,以及是否需要对计划进行调整。亚历克在前一章提到了他的"目标叠加"策略。他的做法是,设定渐进的、可衡量的目标,以便在完成一连串目标后实现更大的目标。提到将目标作为建议一部分的每个人,都与体育领域有一定的职业关联,要么是学者,要么是运动员。然而,这种策略几乎可以被大多数领域(如果不是所有领域的话)的表现者采用。

高表现者建议5:在追求目标的过程中帮助他人,并积极拓展人脉

我们发现的另一个主题是:建议在追求目标的过程中帮助他人,并积极拓展人脉。我们曾讨论过"把关"现象,这是一种通过限制进入人数来缩小某些领域竞争范围的手段。而嘻哈艺人布莱恩·布朗认为,我们应该帮助那些正在努力向上攀升

的人，并且反对"把关"行为。他说：

> 我一直讨厌那句口号："比赛是为了出售，而不是为了传授。"这种说法让我感到困惑："为何我们要囤积知识与信息，并且将其标价出售呢？"这不公平，也不符合社交期望。有些人可能无法承担你认为自己在提供的东西……那只是信息而已。尤其是那些能够帮助他人避开险境、助力他们成长，或者引导他们踏上你所期望的道路的信息。我总是会告诉别人，要把这些信息分享出去。

沃尔特·洛德少将也赞同这种做法，他建议，领导者要富有同情心，尽可能多地带动他人。慈善家兼前音乐经理人朗达尔·理查德森提醒我们，在竞争激烈的领域，机会往往是有限的。他说道："我认为，当这些好事发生在你身上时，要记得，也许别人就没这么好的运气遇到了。你有幸被这个（精英）团体接纳，可能意味着其他人遭到了拒绝。"

凯蒂·科尔分享了建立人脉和了解自身界限的重要性。她的建议是：

> 有时候，为了打开一扇门，你确实需要做一些这样或那样的事情。我指的不是那种露大腿之类的勾引手段，也不是那种会贬低你人格或对你造成伤害的事情。我指的是职业选择方面的事，比如，你得去参加某个面试，或者去见某个人，或者出去跟这个人喝一杯，或者某个节日到了，你得去城里应酬一下。无论如何，你都要去潇洒一番。这都包含在娱乐之中，因为每个人都想成为特别的

人，想被人搭讪，想感觉自己与众不同。但你得自己把握好尺度，哪些事对你来说是可以接受的、哪些又是不可以接受的。因为每个人都会尽可能地试探你的底线，而你必须是那个明确说"这太过分了"的人。因为如果你不保持警觉，很快你就会发现自己陷入一种不舒服的境地，比如从事一份让你不快乐的职业，或者陷入一些无法挽回的局面。

莱瑟伍德酿酒厂创始人安德鲁·朗也谈到了建立人脉的重要性。他表示："你得让自己身边围绕着那些在你跌倒时能帮助你的人，因为这种情况总会发生。"兰德尔·福斯特也强调了建立这些关系的必要性。他的建议之一是："永远不要错过会面机会，永远要搭建人际桥梁，记得一定要建立联系。"音乐家凯文·拉皮洛则指出，在某些领域，我们可能需要主动去寻找我们想要与之建立联系的人。凯文给出了这样的建议：

所以，你得去找那些志同道合的人。去吧。不管他们是什么人。你真的得去找他们。你打算就坐在你的家乡干等着吗？你在家里是找不到知音的，这对我来说也很难。我高中时和我的好哥们儿组了个乐队，而且我还以为他们会跟我一起干呢。可是，就连我爸爸都告诫我："不行，他们不会跟你一起干的。"你懂我的意思吧？这个想法挺天真，也很美好，但就连我爸爸都明白那是不可能的。你必须去闯一闯，不能一直待在自己的家乡，还自我感觉良好。去行动吧。你得去找到那些志同道合的人。

高表现者建议6：敢于冒险，挖掘那些微小的机会

音乐家凯文·拉皮洛建议离开家乡去寻找志同道合的人，同时他还建议不要安于现状。换句话说，要敢于冒险。在本书中，我们也探讨了小机会如何能带来大机遇。这两条建议在我们那些高表现者中间是一个反复出现的主题。朗达尔·理查德森将这种冒险比作跳伞。他说："当你站在悬崖边上时，你会萌生一种独特的感觉。你需要自己鼓起勇气跳下去。没有人会推你，你必须主动跳出去。"换句话说，你敢不敢跳伞，这取决于你能不能勇敢地向前迈出那一步。畅销书作家托德·罗斯就如何克服我们对冒险的恐惧给出了建议。托德说：

> 我认为最大的教训之一是，对某些事情的恐惧几乎总是比现实糟糕得多。它会让人陷入瘫痪。害怕被批评所带来的束缚远比实际受到批评的刺痛更严重。因此，我觉得，我们中的许多人（包括我自己）在人生的某些阶段，都在无形中限制了自己本可以拥有的生活，只因内心深处的恐惧。我们或许不会直接承认这一点，但它却是不争的事实。当你真正明确自己想要的生活时，你会感受到一种难以言喻的解脱与自由。一旦确定，你便不再妥协。

此外，霍布纳尔徒步旅行公司的联合创始人马克·约翰逊给出了以下建议：

> 这在某种程度上又回到了我之前说的，要沿着选定的

> 道路走到尽头。不要留有遗憾。抓住摆在你面前的机会和机遇。因为,这个机会要么适合你,要么会让你对自己有所了解。也许你会意识到,有些事情是我永远都不想做的。但明白这一点也是好事。

兰德尔·福斯特也分享了类似的建议,讲述了看似微小的机会如何带来巨大的回报。兰德尔的建议是:

> 去参加那该死的聚会吧。给每个人一次会面的机会。如果你给他们一次机会,他们来赴约了,却露出了自己的狐狸尾巴,那就永远别再和他们打交道了。这没什么大不了的。你只是浪费了30分钟,损失了一杯咖啡而已。但是,无论是从商业合作的角度、职业发展的角度、人际关系的角度,还是受邀在活动小组讨论中发言的角度,我人生中许多最棒的机会,往往都始于一场看似平淡无奇的咖啡聚会,我本以为不会有什么结果,却最终成就了令人惊叹的成果。我想,我们的人生归根结底是由我们所建立的人际关系所塑造的。

Valor Performance公司副总裁兼认证心理表现教练劳伦·塔什曼进一步指出,我们往往只有在真正开始积累经验之后,才会意识到那些摆在面前的机会究竟有多大的潜力。

本章总结

在本章中，我们向各位高表现者请教，请他们为我们的读者分享他们的建议。我们的目标是为我们在各自领域的成功提供最佳机会。他们提供的建议确实非常出色。当我们回顾这些建议时，我们发现了一些一致的主题：①要意识到成功之路漫长而遥远；②清楚自己的目标和即将踏入的领域；③你需要花时间学习并付出努力；④设定可衡量的小目标；⑤在追求目标的过程中帮助他人，并积极拓展人脉；⑥敢于冒险，挖掘那些微小的机会。

我们希望本书能对你的个人追求有所帮助。我们相信，你有能力达到超越自己想象的卓越表现水平。